Alumni der Universität Hohenheim

Dr. Nicola Bühler · Muhterem Aras · Mona Glock

Waltraud Weegmann · Dr. Gabriele Alber

Dr. Judith Blickle · Dr. Antje von Dewitz

Dr. Andrea Hartmann-Piraudeau

Amelie Vermeer · Julia Piechotta · Dr. Alina Schick

Dr. Karin Hohn · Dr. Heike Fröschle

Inna Zhuravlova · Dr. Ines Kutzli

Alumna der Hochschule für Wirtschaft und Umwelt Nürtingen-Geislingen

Nadine Speidel

Universität Hohenheim (Hrsg.) · Christine Harbig

Unternehmerinnen ungeschminkt

Wie 16 Frauen ihrer Leidenschaft folgten und erfolgreich
mit ihrem eigenen Business wurden

Impressum

Informationen zum Verlag und zu seinem Programm unter:
www.marie-von-mallwitz-verlag.de

Bibliografische Information der Deutschen Bibliothek
Die Deutsche Bibliothek verzeichnet diese Publikation in der Deutschen Nationalbibliografie: detaillierte bibliografische Daten sind im Internet über http://dnb.ddb.de abrufbar.

Originalausgabe April 2022
Marie von Mallwitz Verlag

Herausgeber: Universität Hohenheim, Projekt ”entrepreneurin“
Konzept, Redaktion und Text: Christine Harbig
Bildrechte: Astrid Untermann
Bildrechte Schutzumschlag: Shutterstock / Reisserdesign
Gestaltung / Layout: Michael Ermel
Covergestaltung: Reisserdesign
Lektorat: Heidi Keller und Dr. Anette Fomin
Druck und Verarbeitung: Hubert & Co. GmbH & Co. KG BuchPartner

ISBN 978-3-946297-19-2

Universität Hohenheim (Hrsg.) · Christine Harbig

Unternehmerinnen ungeschminkt

Wie 16 Frauen ihrer Leidenschaft folgten und erfolgreich mit ihrem eigenen Business wurden

MARIE VON MALLWITZ

Inhalt

„Vorbilder leben vor,
zeigen Sinn.
Unaufdringlich leise."

Else Pannek

Vorwort - Wie mich glückliche Zufälle dazu brachten, mein erstes Buch zu schreiben

Noch vor zwei Jahren stand dieses Buch überhaupt nicht auf meiner Agenda. Alles fing mit einem glücklichen Zufall an. Nämlich damit, dass mich ein Unternehmer, den ich bis dahin nur einmal kurz gesprochen hatte, zu einem Impuls-Workshop einlud. Selbstständige verschiedener Branchen sollten ein Projekt aus ganz unterschiedlichen Perspektiven beleuchten. Ein Glücksfall war auch, dass es um das Projekt „entrepreneurin“ der Uni Hohenheim ging, das die Gründung als Karriereweg bekannter machen sollte. Wie passend, da ich selbst an der Uni Hohenheim Journalistik studiert habe und Gründerin bin. Als uns Dr. Anette Fomin vom Projekt und dem „KarriereBus“ der Uni Hohenheim erzählte, der Studentinnen und Doktorandinnen zu frauengeführten Unternehmen fuhr, überlegten wir, wie wir Vorbilder noch auf anderen Wegen sichtbar machen könnten. Ein paar Tage später klingelte mein Telefon. Anette Fomin war am Apparat und fragte mich, was ich von einem Alumni-Buch halten würde. Ihr Team würde Gründerinnen der Uni Hohenheim und der Verbundhochschule Nürtingen-Geislingen ausfindig machen, ich sollte sie interviewen und Porträts über sie verfassen. Was für ein schönes Projekt! Vorbilder haben mich damals bestärkt, meinen Weg als Selbstständige zu gehen, und solch ein Buch hätte ich auch gerne gelesen. Also begann ich meine Arbeit.

Schon schossen mir erste Fragen durch den Kopf. Warum waren Geschäftsführerinnen nach wie vor in der Minderheit? Mussten sie andere Herausforderungen meistern als Männer? Welche Tipps würden sie Studentinnen mit auf den Weg geben? Eigentlich schreibe ich kaum noch, sondern mein Herz gehört dem Film. Deshalb schlug ich vor, einige Unternehmerinnen auch in Kurzfilmen vorzustellen. Diese Filme sind nun am Anfang der jeweiligen Kapitel per QR-Code abrufbar.

Was habe ich mit diesem Buch nicht alles gelernt! Etwa, dass in der Abstimmung sehr viel Kompromissbereitschaft gefragt und es nicht einfach ist, Texte in der Ich-Perspektive zu schreiben, damit sich die Porträtierten wohlfühlen. Oder wie sinnvoll ganze Schreibtage für ein so großes Projekt sein können. Ich hätte auch nie gedacht, dass Zitate von Pippi Langstrumpf urheberrechtlich geschützt sind. Rückblickend war dieses Buch für mich eine Chance, zu wachsen. Ich musste mich Kritik und Selbstzweifeln stellen, mit zurückgezogenen Zusagen leben und lernen, dass die Bereitschaft, über Persönliches zu sprechen, sehr unterschiedlich ist. Immer wieder habe ich mich in meine Interviewpartnerinnen hineinversetzt. Es erfordert viel Mut, sich zu öffnen. Deshalb möchte ich an dieser Stelle noch einmal Danke sagen. Danke an alle Unternehmerinnen, die uns einen Einblick in ihr Leben gewährten und damit ungeheure Charakterstärke bewiesen haben. Das ist ein Schritt aus der Komfortzone und keineswegs selbstverständlich!

Nun weiß ich auch, was es für eine Erleichterung ist, nicht allein für ein ganzes Buch verantwortlich zu sein, sondern mit einem professionellen Team zusammenzuarbeiten. Vielen Dank an dich, liebe Anette, für deinen scharfen Blick, deine hilfreichen Kommentare, deine unermüdlichen Korrekturen und dein Auge für alle Genderformen. Du hast wirklich das letzte i-Tüpfelchen herausgeholt! Danke, Michael, dass du meinen Text mit deinem Layout zum Leben erweckt hast, für deine Engelsgeduld und tollen Ideen! Auch dir, liebe Astrid, möchte ich danken – was wäre dieses Buch ohne deine Fotos! Nicht zuletzt bin ich auch sehr froh über die inspirierende Unterstützung von SchreibCoach Alexandra und dem Team vom Marie von Mallwitz Verlag, das sich um Covergestaltung, Lektorat und Marketing kümmerte. Es ist einfach toll, all dies nicht allein stemmen zu müssen, und ihr alle habt dieses Buch um Längen besser gemacht! Als Journalistin weiß ich, wie mächtig Geschichten sein können, vor allem, wenn sie aus dem Leben gegriffen sind. Ich hoffe sehr, dass dieses Buch Frauen dazu ermutigt, neue Wege einzuschlagen und etwas Eigenes aufzubauen. Auch wenn sich viele der hier Porträtierten selbst nicht als Vorbilder sehen – für mich sind sie es. Sie zeigen, dass wir genauso erfolgreiche Unternehmerinnen werden können. Und wenn ich sehe, wie viele der von Frauen gegründeten Unternehmen nachhaltig oder sozial ausgerichtet sind, brauchen wir unbedingt mehr davon – für unsere Kinder und die Zukunft dieses Planeten. Alle Storys in diesem Buch sind wahr, ehrlich und zeigen echte Persönlichkeiten. Mein Appell an alle Frauen: Traut euch, eure Komfortzone zu verlassen, eure Träume zu verwirklichen und zu zeigen, was wirklich in euch steckt!

„Nur wer losgeht, kann wachsen, eigene Stärken entdecken und Träume Wirklichkeit werden lassen.“

C. Harbig

Christine Harbig
Filmproduzentin & Journalistin

Fango, Lavendelseife und Heublumenkissen

Als ich mit 29 Jahren eine Firma auf dem Silbertablett serviert bekam

Dr. Nicola Bühler – Dr. R. Herberer Naturheilmittel GmbH

„Wir Frauen können alles werden, was wir wollen – das sollten wir nutzen."

Es kam unerwartet. Noch während ihrer Promotion in Biochemie erhielt Nicola Bühler ein tolles Angebot: als Ernährungswissenschaftlerin mit in die Firma ihres Onkels, der Dr. R. Herberer Naturheilmittel GmbH, einzusteigen und in einem Traditionsunternehmen in der hauseigenen Manufaktur medizinische Bade- und Massageöle sowie Naturheilmittel nach Demeter-Standard herzustellen. Mit dem Sprung in die Geschäftsleitung schaffte Nicola Bühler, was ihrer Mutter verwehrt blieb – sie wurde bereits mit 30 Jahren Chefin. Seitdem bringt sie traditionelle Produkte ins 21. Jahrhundert. Nur ein Plan scheiterte: in der Geschäftsleitung eine Doppelspitze aufzubauen. Heute führt Nicola Bühler das Unternehmen allein, und seit ihr Sohn Clemens ihr Leben ordentlich durcheinanderwirbelt, hat sie beschlossen, zu ihren Wurzeln zurückzukehren. ✦

Was meiner Mutter verwehrt blieb

Rrrrrrreerrrrrr. Dieses Geräusch habe ich als Kind oft gehört. In der Zahnarztpraxis meines Vaters. Er hat mich und meine Schwester oft mitgenommen, und zu Hause mussten wir immer brav unsere Zähne putzen. Schon als Kind konnte ich mir vorstellen, in seine Fußstapfen zu treten, und wollte unbedingt Medizin studieren. Doch daraus wurde nichts. Mein Weg ist nie so geradlinig verlaufen, wie der meiner drei Jahre älteren Schwester. Viele Stolpersteine brachten mich immer wieder aus dem Tritt, obwohl ich ein sehr ruhiges und zufriedenes Kind war. Meine Mutter sagte oft: „Wenn sie satt und ausgeruht ist, braucht sie nur ein Buch, um glücklich zu sein!" Winnetou und Harry Potter waren die Helden meiner Kindheit, oft saß ich lesend auf der Kellertreppe. Später habe ich mit dem Reiten angefangen und liebe es bis heute – auf dem Pferderücken fühle ich mich unbeschwert und frei. Doch dann stand ich plötzlich vor einer Wahl, die meine Mutter niemals hatte. Bis heute habe ich von ihr diesen einen Satz im Ohr, den mein Opa zu ihr sagte: „Wer soll denn bloß mal meine Firma übernehmen? Ich habe ja nur eine Tochter." Dabei hätte meine Mutter so gerne sein Unternehmen übernommen! Doch damals kam das für eine Frau nicht in Frage. So studierte meine Mutter Geisteswissenschaften und arbeitete selbstständig von zu Hause aus, während mein Vater seine eigene Praxis eröffnete. Damals ahnte ich noch nicht, welchen Weg ich einmal einschlagen würde. Mir war nur eines klar: In die Ferne wollte ich nie. Göppingen ist meine Heimat, bis heute bin ich dort

fest verwurzelt. So trat meine Schwester in die Fußstapfen meines Vaters, während ich durch einen Umweg an einer Stelle landete, die ich mir nie hätte vorstellen können. ✦

Der Spruch, der mich fassungslos machte

Ernsthaft? Hatte er das wirklich gesagt? Diese Vorlesung werde ich niemals vergessen. Weil ich mich so demotiviert gefühlt habe. In meinem Studiengang Ernährungswissenschaften an der Uni Hohenheim waren wir 64 Frauen und nur fünf Männer. Eines Tages schleuderte uns ein Professor diesen Satz entgegen: „Sie studieren doch sowieso nur, um diplomierte Hausfrau zu werden!" Das war wie ein Schlag ins Gesicht. Hielt der Professor seine Vorlesung nur für die fünf Männer? Waren unsere guten Abiturnoten gar nichts wert? Während meines Studiums hatte ich immer wieder das Gefühl, beweisen zu müssen, etwas genauso gut zu können wie meine männlichen Kommilitonen. Oft wurde ich gar nicht ernst genommen. Wahrscheinlich lag das auch daran, dass viele unserer Professoren noch vom „alten Schlag" waren. Sie hatten ein ganz anderes Weltbild als ich – eher wie mein Opa. Professorinnen gab es keine. Im Nachhinein denke ich, dass es sicher auch an der schlechten Vereinbarkeit von Familie und Forschung an der Uni liegt. In anderen Ländern gibt es Stellen nur für die Lehre – das würde ich mir auch für deutsche Universitäten wünschen. Vor allem, weil ich denke, dass nicht alle, die in der Forschung gut sind, auch eine gute Lehre machen und umgekehrt. Klar, es hat sich viel getan für die Gleichberechtigung. Wir Frauen haben heute viel bessere Chancen, ich bin der beste Beweis dafür. Deshalb denke ich: Das Genderthema nimmt manchmal sogar zu viel Raum ein. Seit ich im Berufsleben stehe, habe ich keine schlechten Erfahrungen mehr gemacht, aber ganz am Ziel sind wir immer noch nicht. ✦

> *„Sie studieren sowieso nur, um diplomierte Hausfrau zu werden."*

Mein Bekenntnis: Unikliniken sind nicht meine Welt

Wie arrogant! In was für einer Welt war ich da nur gelandet? Diese Erfahrung hat mich kuriert, obwohl ich lange davon geträumt hatte, Medizin zu studieren. Es fing mit dem Brief von der Uni an – eine Absage, weil mein Abi-Schnitt zu schlecht für die Zulassung war. Also legte ich ein Wartesemester ein. Irgendwann wurde es mir aber zu bunt und ich schrieb mich an der Uni Hohenheim für die Ernährungswissenschaften ein. Immerhin konnte ich dort den Schwerpunkt Ernährungsmedizin und klinische Ernährung wählen. Aber was dann? Wie sollte es weitergehen? Schon während des Studiums lernte ich im MentHo-Programm der Uni Hohenheim viele Karrierewege kennen. Die Mentor:innen haben mir sehr geholfen, und mir hat das Programm so gut gefallen, dass ich heute selbst Mentorin bin. Nach meinem Abschluss beschloss ich, meinem heimlichen Traum vom Medizinstudium ein wenig näherzukommen: Ich schrieb meine Doktorarbeit in Biochemie an der Uniklinik in Tübingen. Drei Jahre lang kehrte ich dort als wissenschaftliche Mitarbeiterin ein und aus. Das hat mich kuriert. Was für eine bittere Enttäuschung diese Zeit doch war! Ich hatte mir die Welt der „Halbgötter in Weiß" ganz anders vorgestellt. Vielleicht wird man so, wenn man jeden Tag im Operationssaal steht und für das Leben eines Menschen verantwortlich ist. Trotzdem fand ich es nicht in Ordnung, wie Ärzt:innen häufig ihren Mitarbeiterstab behandelten: von oben herab. Und noch etwas wurmte mich. Während ich mir stundenlang die Beine im Labor in den Bauch stand und nach viel Arbeit endlich ein Paper veröffentlichen konnte, stand auf einmal der Professor mit darauf, den ich nie zuvor gesehen hatte. Er hatte nie auch nur einen Fuß ins Labor gesetzt, aber profitierte trotzdem von meinen Arbeiten. Ich fand das ungerecht. Und mir wurde klar: Das ist nicht meine Welt, und so kam der Anruf meines Onkels gerade recht. ✦

UIC

Warum unsere Doppelspitze scheiterte

„Na, was sagst du?", fragte mich mein Onkel Reinhold Schön im Herbst 2013. „Willst du mit in meine Firma einsteigen?" Damals wusste ich noch nicht, was auf mich zukommen würde. Zuerst war ich perplex und erbat mir Bedenkzeit. Schließlich schrieb ich gerade an meiner Promotion. Würde ich das überhaupt parallel hinbekommen? Diese Doppelbelastung? Doch meine Familie machte mir Mut: „Wir unterstützen dich", haben meine Eltern von Anfang an gesagt. Ich kannte das Unternehmen meines Onkels von Kindesbeinen an. Schon als kleines Mädchen war ich an den „Klopftagen" im Steinbruch mit dabei gewesen, an denen der Schiefer geklopft wurde, um daraus mit einer alten ratternden Mühle Fangopulver herzustellen. Während die Erwachsenen beschäftigt waren, habe ich nach Fossilien gesucht. An all das musste ich denken, als ich hin und her überlegte. Die Idee, altbekannte Heilmittel ins 21. Jahrhundert zu befördern, hat mir gefallen. Ja, das konnte ich mir fachlich sehr gut vorstellen, genauso wie Chefin zu werden. So wagte ich 2014 den Schritt und stieg als zweite Geschäftsführerin in die Firma Dr. R. Herberer Naturheilmittel GmbH ein. Es war eine harte Zeit: Tagsüber arbeitete ich an meiner Promotion und abends und an den Wochenenden im Unternehmen – ganze zwei Jahre lang. Irgendwie habe ich es geschafft, meine Promotion fertig zu stellen. Doch etwas anderes blieb dabei auf der Strecke: Die Kommunikation mit meinem Onkel funktionierte nicht so gut. Ich ahnte ja nicht, wie unterschiedlich wir vom Typ her waren. Ich war die Akkurate, mein Onkel der Spontane. Eigentlich eine gute Mischung. Doch es lief von Anfang an leider nicht rund mit unserer Abstimmung, er war viel geschäftlich unterwegs, ich versuchte in seiner Abwesenheit, alle Fäden in der Hand zu halten. Es kam zu Missverständnissen und Spontanentscheidungen. Obwohl ich meinen Onkel als Mensch sehr schätze und er die ganze Firma mit aufgebaut hat, mussten wir es uns irgendwann eingestehen: Unsere geplante Doppelspitze war gescheitert. So trafen wir schweren Herzens eine Entscheidung. Am Ende hat sich mein Onkel komplett aus der Geschäftsführung zurückgezogen und ich bin als alleinige Geschäftsführerin voll in die Firma eingestiegen. Bis heute rechne ich das meinem Onkel sehr hoch an, denn es war ein großer Vertrauensbeweis. Seitdem bin ich allein für unsere sechs Beschäftigten verantwortlich. Damals wusste ich noch nicht, welche Probleme es mit sich bringen kann, wenn fast alle von ihnen in Teilzeit arbeiten. ✦

Der goldene Schlüssel zu einem Frauenunternehmen

Ist sie um 15 Uhr denn noch da? Manchmal ist es schwer, ein Team-Meeting zu vereinbaren. Das sind die Schattenseiten von flexiblen Arbeitszeiten. Oft sehen wir uns wochenlang nicht. Deshalb haben wir zwei Dinge eingerichtet, um unsere Kommunikation zu verbessern: ein Ideenbuch und einen Kummerkasten. Jede und jeder kann sagen, was sie oder er will. Dieser offene Umgang und der Freiraum, den ich meinen Mitarbeiter:innen gewähre, haben viel Vertrauen geschaffen. Deshalb war es auch nie ein Problem, dass ich als Chefin jünger bin als die meisten meiner Angestellten. Sie bringen ihre Erfahrung ein und ich die neuen Ideen. Wenn wir doch mal unterschiedlicher Meinung sind, treffe ich die Entscheidung – schließlich muss ich dafür geradestehen. Zugegeben, eine Sache liegt mir gar nicht – der Vertrieb. Könnte ich diese Aufgabe doch nur abgeben, doch leider kann ich mir das nicht leisten. Den Telefonhörer in die Hand nehmen und potenzielle Kund:innen anrufen, das ist einfach nicht mein Ding. Es führt aber kein Weg daran vorbei, denn die Konkurrenz bei Naturprodukten ist riesig geworden. Obwohl wir von der Lavendelseife über Heublumenkissen bis hin zu Ölen eine breite Produktpalette anbieten, gehören wir mit unserer Manufaktur immer noch zu den kleinen Firmen. Und es wird immer schwieriger für uns, mit den Großen Schritt zu halten. Neue EU-Regelungen, neue Auflagen, neue Zertifizierungen und dann die Datenschutzregelungen – es fühlt sich so an, als würden uns immer wieder neue Steine in den Weg gelegt. Schließlich kosten die Zertifizierungen eine Menge Geld, das wir nicht ohne mit der Wimper zu zucken investieren können, so wie die Großen. Bei uns geht es schnell an die Existenz. Das Einzige, was mich immer weiter machen lässt, sind die guten Beziehungen zu unserer Kundschaft. „Schau mal, wer da geschrieben hat“, rief meine Mitarbeiterin und hielt mir den Brief unter die Nase. Ich hatte gerade geheiratet, und auf meinem Schreibtisch stapelten sich Dutzende Glückwunschkarten und Briefe. Mir wurde ganz warm ums Herz. Was für ein schönes Gefühl! In Momenten wie diesen wird mir bewusst, warum ich all das mache, die persönlichen Beziehungen zu unserem Kundenkreis pflege und auf ihre Wünsche eingehe. Das ist es, was wir den Konzernen voraushaben und was mich antreibt. Aber ich hätte nie gedacht, wie sehr ein Baby mein Leben durcheinanderwirbeln würde. ✦

Was jede Frau über das Mamawerden wissen sollte

Hätte mir vor der Geburt jemand gesagt, dass ich mittags um zwölf Uhr noch meinen Schlafanzug anhaben würde – ich hätte es wohl nicht geglaubt. Warum sagt einem niemand vorher, was es wirklich heißt, Mutter zu werden? Dann wäre ich vielleicht besser vorbereitet gewesen. Babys können ganz schön anstrengend sein! Dabei wollte ich immer Kinder haben. Als mein Sohn Clemens 2019 auf die Welt kam, war ich im siebten Himmel. Für mich war von Anfang an klar, dass ich die ersten drei Monate mit ihm verbringen wollte und zuhause bleibe. Doch was ich nicht wusste war, was das für eine Selbstständige bedeutet: Wenn man keinen Krankengeldanspruch abgeschlossen hat, gibt es auch kein Geld für die Elternzeit. Puh. Hätte ich das mal vorher gewusst. Oder wie der Alltag mit einem kleinen Kind aussieht. Clemens hat mich die ersten Monate voll in Beschlag genommen, und manchmal habe ich mich nur noch wie eine Milchbar gefühlt. Eine Freundin erzählte mir, dass sie nach der Geburt ihres Kindes wieder arbeiten war und es sich fast wie Urlaub angefühlt hat. Natürlich können uns die Männer das Stillen nicht abnehmen, aber ich war froh, als mein Mann in Elternzeit gegangen ist und mich unterstützt hat. Das hat so gut getan! Zum Glück können Väter bei vielen mittelständischen Unternehmen ohne Probleme ihre Elternmonate bekommen. Trotzdem ist mir durch Clemens eines bewusst geworden: Ich stehe an einem Scheideweg. Wie lassen sich Familienleben und das Führen einer Firma unter einen Hut bringen? Werde ich meinen Sohn mit in die Firma nehmen können? Bleibt mir genug Zeit für all die Aufgaben, die ich als Geschäftsführerin habe? Oder gibt es noch einen anderen Weg? ✦

„Nie hätte ich gedacht, wie anstrengend es sein kann, ein Baby zu versorgen."

Wie ich eine Entscheidung traf, die zwei Welten vereint

Sie kam genau zur rechten Zeit – die Stellenausschreibung. Nun kehre ich tatsächlich an die Uni zurück! Bald werde ich regelmäßig die baumgesäumte Allee in Hohenheim hinauffahren und das gelbe Schloss mit den weißen Fensterläden sehen. Schon seit einiger Zeit nagte der Gedanke in meinem Hinterkopf, wie ich meine berufliche Zukunft familienfreundlicher gestalten kann. Obwohl ich mich immer mehr aus der Firma herausnehme, werden die Aufgabe nicht weniger: die Produktqualität überwachen, die natürlichen Rohstoffe beziehen, unsere Produktpalette ausweiten – es gibt immer etwas zu tun. Ist es das, was ich will? Oder gibt es Alternativen? Ich überlegte hin und her, aber alles aufgeben, wollte ich auch nicht. Es steckte einfach zu viel Herzblut in meiner Firma. So beschloss ich, mich noch mehr zurückzuziehen, um Zeit für einen Lehrauftrag im Fachbereich Gesundheitsförderung und Prävention an der Pädagogischen Hochschule in Schwäbisch Gmünd zu haben. Schnell merkte ich: Das Unterrichten macht mir sehr viel Spaß! Und dann sah ich sie, die Stellenausschreibung der Uni Hohenheim: „Geschäftsführer:in der Forschungsstelle für Genossenschaftswesen gesucht – auch in Teilzeit". Noch am selben Tag habe ich mich beworben. Die Möglichkeit einer 50-Prozent-Stelle war für mich der Ausschlag, und seit Juli 2021 teile ich mir die Position mit einer anderen Frau. Was für eine Chance! Ich kann meine Firma weiterführen und trotzdem die Vorzüge einer Festanstellung genießen. Seitdem habe ich ein sicheres Einkommen und eine unbefristete Stelle. Natürlich gibt es auch Nachteile – ich bin nicht mehr ganz so flexibel wie früher und mein Alltag ist durchgetakteter.

Weil ich 2,5 Tage an der Uni arbeite, geht mein Sohn nun zweimal bis 16 Uhr in die Kita. Aber jedes Mal, wenn ich das Hohenheimer Schloss und den Park vor mir sehe, fühlt es sich an, wie nach Hause zu kommen. Ich habe eine gute Kombination gefunden, um gleichzeitig Geschäftsführerin und Angestellte zu sein. Alles auf meinem Weg hatte seinen Sinn und ich bin sicher, ich wäre sonst nicht da, wo ich heute bin. ✦

Lavendel-Öl
100 ml
28

Steckbrief

Dr. Nicola Bühler

Unternehmen:	Dr. R. Herberer Naturheilmittel GmbH
Geburtsjahr:	1985
Kinder:	1 Sohn
Gründung:	seit 2014 in der Geschäftsführung, seit 2017 alleinige Geschäftsführerin
Branche:	Naturheilmittel
Anzahl Beschäftigter:	6
Uni-Abschluss:	Diplomstudiengang Ernährungswissenschaften (Uni Hohenheim) Master of Business Administration (Hamburger Fern-Hochschule) Promotion Dr. rer. nat. (Uni Tübingen)
Homepage:	www.dr-herberer.de

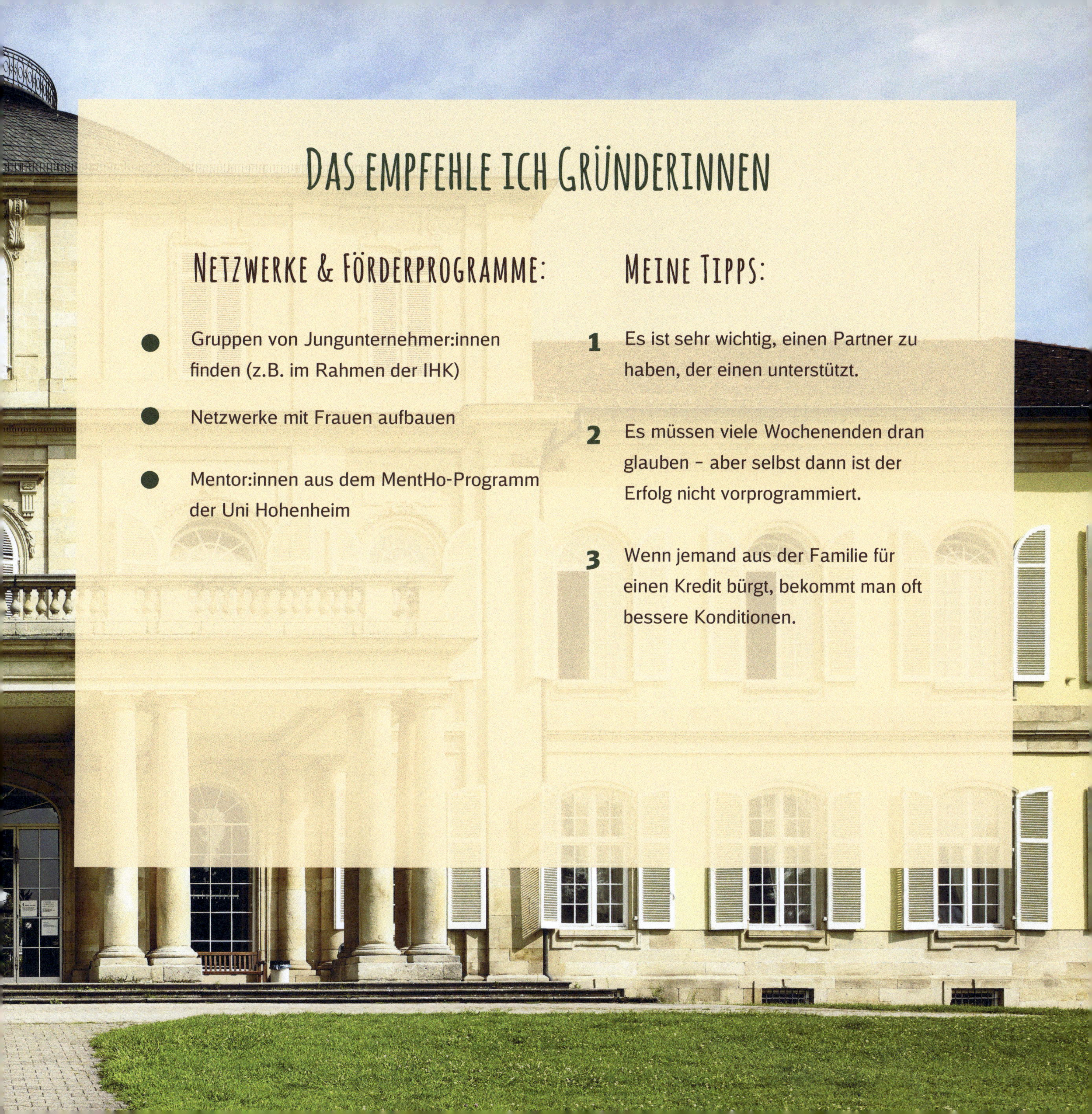

Das empfehle ich Gründerinnen

Netzwerke & Förderprogramme:

- Gruppen von Jungunternehmer:innen finden (z.B. im Rahmen der IHK)
- Netzwerke mit Frauen aufbauen
- Mentor:innen aus dem MentHo-Programm der Uni Hohenheim

Meine Tipps:

1. Es ist sehr wichtig, einen Partner zu haben, der einen unterstützt.
2. Es müssen viele Wochenenden dran glauben – aber selbst dann ist der Erfolg nicht vorprogrammiert.
3. Wenn jemand aus der Familie für einen Kredit bürgt, bekommt man oft bessere Konditionen.

Von der Gastarbeitertochter zur Landtagspräsidentin

Wie ich die erste türkischsprachige Steuerkanzlei Stuttgarts gründete

Muhterem Aras –
aras Steuerberaterbüro

„Damals fand ich es ungerecht, dass ich als drittes Kind um alles kämpfen musste. Heute bin ich dankbar, weil es mich viel besser auf das Leben vorbereitet hat.“

Muhterem Aras wuchs in einem ostanatolischen Dorf in der Türkei ohne Strom auf und kam als Gastarbeiterkind nach Deutschland. Obwohl sie kaum Deutsch sprach, löste sie schon in ihrer ersten Schulstunde eine Matheaufgabe an der Tafel. Nach ihrem Hauptschulabschluss wechselte sie an ein Wirtschaftsgymnasium und schockierte ihre Mutter und ihre Schulklasse: Sie wollte heiraten. In der Schule hielten sie es für eine Zwangsehe, ihre Mutter fürchtete um die Unabhängigkeit ihrer Tochter. Doch Muhterem Aras ließ sich nicht beirren – schließlich hatte sie die Liebe ihres Lebens gefunden und ein klares Ziel vor Augen. Sie beschloss, allen zu beweisen, dass sie trotz Heirat Karriere machen würde. Sie gründete die erste türkischsprachige Steuerkanzlei Stuttgarts und engagierte sich so erfolgreich bei Bündnis 90/Die Grünen, dass sie 2016 als erste Frau in Baden-Württemberg, zudem mit Migrationsgeschichte, zur Landtagspräsidentin gewählt wurde. Damit hat sie das zweithöchste Staatsamt im Ländle inne. Diese steile Karriere konnte sie auch deshalb einschlagen, weil sie während des Studiums von einer Personalreferentin einen entscheidenden Tipp bekam. ✦

> „Mein großes Ziel war es ja, der Welt und mir zu beweisen, dass ich auch als verheiratete Frau Abitur machen und studieren kann."

Wie mich meine Rolle als Sandwich-Kind auf das Leben vorbereitete

Irgendwie dazwischen. So fühlte ich mich in meiner Familie. Mein großer Bruder Orhan hatte als ältester Junge eine Sonderstellung – vor ihm waren zwei Kinder gestorben. Meine ältere Schwester ebenso als erstes Mädchen. Und dann kam ich. Natürlich war ich nichts Besonderes mehr. Dafür hatten wir Kinder viele Freiheiten. In unserem Dorf Elmaaðaç bei Bingöl in der Türkei, gab es keinen Strom, kein fließendes Wasser, keinen Verkehr und kaum Gefahren für uns Kinder. Wir wuchsen ohne Spielzeug auf und waren den ganzen Tag draußen unterwegs. Abends saßen wir oft mit der ganzen Großfamilie zusammen und lauschten bei Kerzenschein einer Geschichte. Einen Fernseher gab es nicht. So verlief meine Kindheit weitgehend unbeschwert. Nur eines ärgerte mich: dass meine Geschwister so viele Privilegien hatten, während ich um alles kämpfen musste. Als meine zwei jüngeren Brüder auf die Welt kamen, waren sie die Nesthäkchen und hingen ständig am Rockzipfel meiner Mama. „Sie sind wie Salz und Wasser im Haushalt – einfach immer da", sagte meine Mutter oft. Ich dagegen bekam nie neue Klamotten, sondern musste die Sachen meiner Schwester tragen, auch wenn ich mir noch so sehr eine neue Jacke wünschte. Das fand ich als Kind sehr ungerecht. Meine Mutter konnte das nie verstehen. Erst später ist mir bewusst geworden, wie sehr mir das Kämpfen geholfen hat, für meine Interessen einzustehen. Sonst wäre ich wohl nicht so gut auf das vorbereitet gewesen, was auf mich zukommen sollte. ✦

Bauernhof-Idylle, Bruce Lee und eine neue Schule

Tschak, bumm. So klang es oft, wenn wir bei Christel zu Besuch waren. Sie hatte einen Fernseher und mit ihr lernte ich Bruce Lee kennen – den Helden meiner Kindheit. Christel war die Tochter der Familie Mack. Sie hatten einen Hof in Filderstadt-Sielmingen, in der Nähe von unserer Wohnung. Dort waren meine Eltern gelandet, nachdem mein Vater meine halbe Kindheit allein in Deutschland verbracht hatte. Erst als ich zwölf Jahre alt war, hat mein Vater meine Geschwister, meine Mutter und mich nach Deutschland geholt. Das war einer der schönsten Momente meiner Kindheit. Endlich waren wir wieder vereint. Als meine Mutter eines Tages Spitzkraut auf dem benachbarten Hof eingekauft hatte, fragte Frau Mack sie: „Wollen Sie nicht bei uns arbeiten?“ Meine Mutter sagte zu, nahm mich und meinen Bruder mit, und so lernten wir schnell die deutsche Kultur kennen. Die Macks wurden fast so etwas wie eine zweite Familie für uns: Sie luden uns zu Ausflügen ein, feierten mit uns Weihnachten und Ostern, und wir Kinder durften sogar bei Christel übernachten. Das wäre für viele meiner Freundinnen aus der türkischen und kurdischen Community undenkbar gewesen. Meine Eltern waren sehr liberal und erlaubten mir sogar, mit ins Schullandheim und zur Tanzschule zu gehen. Wahrscheinlich lag es daran, was meine Mutter selbst erlebt hatte. Sie durfte als kleines Mädchen nicht in die Schule und war Analphabetin geblieben. Zeitlebens hat sie darunter gelitten und es ihrem Vater nie verziehen, dass sie kein selbstbestimmtes Leben führen konnte. Umso wichtiger war es ihr, dass ihre Töchter diese Chance erhielten. „Ihr sollt es einmal besser haben“, hat sie oft zu mir gesagt. „Bildung ist der Schlüssel!“ Manches Mal habe ich das ein wenig ausgenutzt, wenn ich keine Lust auf die Hausarbeit hatte. Dann habe ich schlicht behauptet, noch für eine Klassenarbeit lernen zu müssen. Nur meine Schwester hat mich durchschaut und sich wahnsinnig geärgert. Die ganze Schulzeit fiel mir leicht. Schon am ersten Tag wurde ich in eine fünfte Hauptschulklasse gesteckt. Am gleichen Tag, in der ersten Mathestunde, fragte die Lehrerin: „Wer kann diese Aufgabe vorrechnen?“ Ehe ich mich versah, streckte meine Nebensitzerin meine Hand in die Höhe. Sie hatte gesehen, dass ich sie auf meinem Blatt schon ausgerechnet hatte. Doch ich hatte ja kein Wort verstanden. So wie meine Mitschülerin haben uns viele unterstützt, und ich habe mich in Deutschland von Anfang an wohlgefühlt. Nie hat jemand gefragt, warum wir so komische Klamotten tragen, und die Lehrer haben unsere Fähigkeiten herausgekitzelt. So schloss ich die Hauptschule als Jahrgangsbeste ab, machte meine mittlere Reife und wechselte an ein Wirtschaftsgymnasium. Ich war fest entschlossen, studieren zu gehen. Doch vorher versetzte ich meiner Mutter den Schock ihres Lebens. ✦

So schockierte ich meine Mutter und meine Schulklasse

„Bist du verrückt?", rief meine Mutter. Sie konnte es nicht glauben. „Willst du alles hinschmeißen, wofür ich gekämpft habe?" Sie war so zornig, weil ich heiraten wollte. Damals ging ich in die 11. Klasse, war aber schon 20 Jahre alt und hatte die Liebe meines Lebens kennengelernt. Ich war fest entschlossen, das Abitur zu machen, doch meine Mutter glaubte, sobald ich unter der Haube wäre, würde ich eine Hausfrau werden und all meine Freiheiten aufgeben. Auch alle in meiner Klasse beäugten mich skeptisch, und so manch einer fragte mich, ob das eine Zwangsehe sei. Dabei heiratete ich doch aus freien Stücken! Es wurde eine sehr schwierige Zeit für mich, und meine Noten gingen in den Keller. Am Ende willigte meine Mutter schließlich ein. Ich musste ihr hoch und heilig versprechen, weiter zur Schule zu gehen. Schon am nächsten Tag empfing mich ein Lehrer mit den Worten: „Ach, jetzt kommt die Hausfrau." Das hat mich sehr getroffen und ich fand es ziemlich daneben. So fortschrittlich war man damals eben doch nicht. „Ich werde es euch allen beweisen", sagte ich mir und war fest entschlossen, nun erst recht meinen Weg zu gehen. Ich wollte der türkischen und kurdischen Community zeigen, dass auch eine verheiratete Frau auf eigenen Beinen stehen kann. So machte ich mein Abitur, sah mich nach einer Universität um. Meinen Traumjob musste ich allerdings schnell begraben. ✦

„Die 11. Klasse war die schwierigste für mich. Mit meiner Mutter musste ich darum kämpfen, dass ich heiraten durfte, in der Schule musste ich allen erklären, dass es keine Zwangsehe ist."

Als mir eine Personalerin den Tipp meines Lebens gab

„Die wird mal Anwältin!“, hatte mein Onkel oft gesagt, als ich noch ein Kind war. Tatsächlich konnte ich mir das sehr gut vorstellen. Aber würde ich für immer in Deutschland bleiben? Oder doch irgendwann in die Türkei zurückkehren? Mit einem deutschen Jurastudium hätte ich in der Türkei nichts anfangen können. Was konnte ich stattdessen tun? Weil ich auf ein Wirtschaftsgymnasium gegangen war, beschloss ich, Wirtschaftswissenschaften zu studieren. Unsere Wohnung lag in der Nähe der Uni Hohenheim, und ich schrieb mich dort ein. Mein Studentenleben sah anders aus als das vieler Kommiliton:innen. Während sie in der Mensa ihren Kaffee schlürften, ging ich arbeiten. Jede freie Minute. So verdiente ich in Gaststätten, Freibädern, Architekturbüros, Zeitarbeitsfirmen, bei Bosch und in der Geschäftsstelle von Bündnis 90/Die Grünen mein Geld. Doch mich plagte eine Frage: Was ließ sich mit einem Wirtschaftswissenschaftsstudium überhaupt anfangen? Ich hatte keine Ahnung und beschloss, mit zwei Freundinnen nach dem Vordiplom den Personalverwaltungen von drei großen Firmen einen Besuch abzustatten. Wir wollten wissen, welche Vertiefungsfächer sich für uns lohnen würden, und machten Termine bei Bosch, bei Daimler und bei IBM aus. „Vertiefen Sie Wirtschaftsinformatik. Das ist die Zukunft!“, sagte uns der Personalreferent von IBM. Für uns klang das allerdings nicht gerade prickelnd. Bei Bosch hieß es „Gehen Sie ins Controlling – das ist das Beste.“ Zuletzt waren wir bei Daimler und hatten zum ersten Mal eine Frau vor uns sitzen. „Soll ich Ihnen mal etwas verraten? In großen Konzernen ist es mit Familie sehr schwer, die gläserne Decke zu durchdringen. Deshalb rate ich Ihnen: Machen Sie sich selbstständig. Dann können Sie eine Familie gründen und Ihre eigene Chefin sein.“ Damit hatten wir nicht gerechnet. Selbstständig? Womit denn? „Gibt es bei Ihnen an der Uni nicht Steuerrecht?“, fragte sie. Wir hatten sogar eine Koryphäe an der Uni, doch niemand konnte diesem Professor folgen. Noch auf dem Heimweg lachten wir und dachten, dass wir sicher niemals Steuerrecht vertiefen würden. Wie langweilig! Doch je mehr ich darüber nachdachte, umso klarer wurde mir: Ich habe einen festen Partner und möchte auf jeden Fall Kinder. Wenn es in diesen Konzernen so schwer ist, mit Familie Karriere zu machen, dann ist es wohl doch keine so schlechte Idee. Es wurde der beste Tipp, den ich mir wünschen konnte. Allerdings wusste ich nicht, was es hieß, mit einem kleinen Kind für die Steuerberaterprüfung zu lernen. ✦

Mit dickem Bauch in die Selbstständigkeit

Noch im Bewerbungsgespräch fiel dieser Satz. „Das schaffen Sie sowieso nicht!" Da war er wieder, der Zweifel an meinen Fähigkeiten. Dabei hatte ich nur eine einzige Frage gestellt: „Kann ich meinen Urlaub drei Jahre ansparen, um dann für die Prüfung zur Steuerberaterin zu lernen?" Die Antwort meines späteren Chefs war lapidar: „Sie können ansparen, so viel Sie wollen, aber die Prüfung werden Sie nach drei Jahren nicht bestehen." Bums. Den Job bekam ich trotzdem, und dieser Satz stachelte mich umso mehr an. Direkt nach meinem Uni-Abschluss hatte ich kurzerhand das Telefonbuch in die Hand genommen und in der erstbesten Steuerkanzlei angerufen, die ich finden konnte. Kaum hatte ich nach einer freien Stelle gefragt, wurde ich zum Bewerbungsgespräch bei der Kanzlei Schmidt, später Scholz und Partner, eingeladen. Auf dem Nachhauseweg hatte ich meinen Arbeitsvertrag in der Tasche. Alles lief nach Plan, und so meldete ich mich drei Jahre später im Oktober zur Steuerberaterprüfung an. Meine große Chance, denn die Prüfung fand nur einmal im Jahr statt. Das Einzige, was ich nicht geplant hatte war, dass im März meine Tochter Helin auf die Welt kam. „Das schaffe ich locker!", dachte ich mir. „Kleine Babys schlafen ja viel." Doch Helin schlief kaum und ich kam mit dem Lernen nicht hinterher. Schließlich musste ich mit viel Mut zur Lücke in die Prüfung gehen. Es passierte genau das, was mein Chef mir prophezeit hatte: Ich fiel knapp durch. Doch geschlagen geben wollte ich mich nicht. Stattdessen sprach ich Tacheles mit meinem Mann Sami: „Du bist jetzt für alles zuständig!", habe ich zu ihm gesagt. „Fürs Kind, für den Haushalt, für alles. Ich muss lernen!" Ein Jahr später wollte ich die Prüfung wiederholen. Während Sami sich um Helin kümmerte, besorgte ich mir ein Kabuff in der Stuttgarter Unibibliothek. Ich kaufte mir einen großen Wanderrucksack und stopfte all meine Gesetze und Unterlagen hinein. Dann lernte ich von 8 Uhr morgens bis 20 Uhr abends. Wenn mein Mann etwas von mir wollte, musste er in der Mittagspause mit Helin kommen. Es gab ja keine Handys damals. Vielleicht war das auch gut so. Ein Jahr später habe ich die Prüfung dann bestanden. Gleich am nächsten Tag bin ich zu meinem Chef gegangen, um meinen Vertrag aufzulösen. „Haben Sie denn etwas anderes?", hat er gefragt. „Nein, ich habe nichts. Ich fange ganz neu an", erklärte ich ihm. Und so bin ich ins kalte Wasser gesprungen. ✦

Wie ich aus einem Makel einen Vorteil machte

Manchmal kam ich nur zum Duschen nach Hause. Mehr war nicht drin. Im Nachhinein sieht es nach einer tollen Karriere aus, aber die ist knallhart erarbeitet. Ich weiß noch, wie wir damals mit Ach und Krach einen Kredit von 60.000 DM bekommen haben, um Arbeitskräfte einzustellen. Die Steuerberatertätigkeit ist sehr personalintensiv und wir brauchten ein Büro. Kundschaft zu finden fiel mir dagegen gar nicht schwer. Weil ich mit dem, was jahrelang mein Makel gewesen war, eine Nische besetzte: mit meinen Sprachkenntnissen. Englisch, Italienisch oder Chinesisch – klar, das war gut angesehen. Aber Türkisch? Das war immer negativ besetzt gewesen. Doch als ich die erste türkischsprachige Steuerkanzlei Stuttgarts eröffnete, sprach sich das schnell herum. Zu unserer Einweihungsfeier im Jahr 2000 hatte ich ein paar Werbeanzeigen in Blättern der türkisch-kurdischen Community veröffentlicht und überall, wo ich hinging, meine Visitenkarten dagelassen. Zur Einweihung kamen mehr als 100 Besucher – mehr Kundenakquise brauchte ich nicht. Obwohl die Männer, die in mein Büro kamen, sehr überrascht über meinen Bauch waren. Denn ich war zu dieser Zeit schon mit unserem Sohn schwanger. Als ich meinen ersten Kundenkreis mit meinem Fachwissen überzeugte und sicher und beherzt auftrat, wurde ich nicht mehr hinterfragt. Allerdings stellte ich schnell eines fest: Ich hatte zwar Ahnung von Steuerrecht, aber ich wusste nicht, wie man Beschäftigte führt oder eine Rechnung schreibt. Das musste ich mir alles selbst erarbeiten, und manches Mal habe ich mir ein Netzwerk gewünscht. So gab es unendlich viel zu tun, und wir haben in den ersten drei Jahren kein einziges Mal Urlaub gemacht – schließlich hatten wir einen Kredit zu bedienen. Ich weiß nicht, ob ich es geschafft hätte, wenn Sami und meine Eltern mich nicht so wahnsinnig unterstützt hätten. Tagsüber habe ich gearbeitet und abends, nachdem die Kinder im Bett waren, haben meine Eltern uns abgelöst und wir sind wieder ins Büro gefahren. Schon damals arbeitete ich nicht nur als Steuerberaterin, sondern engagierte mich auch politisch bei Bündnis 90 / Die Grünen – genau wie mein Mann. Das war die Partei, die für uns Menschenrechte, Freiheit und Gleichberechtigung symbolisierte. Wir waren so gut in Deutschland aufgenommen worden, dass uns das, was 1992 in Mölln passierte, zutiefst erschütterte. ✦

„Ich habe mit meinem Mann Tacheles geredet: Du bist jetzt für alles zuständig. Kind, Haushalt, einfach alles. Ich muss lernen."

> „In Deutschland wurden wir so angenommen, wie wir waren. Sie haben sich nicht darauf fokussiert, was wir nicht konnten, sondern unsere Stärken heraus-gekitzelt."

Brandsätze, die mein Leben veränderten

Es war die Nacht auf den 23. November 1992, die alles veränderte. Ein anonymer Anruf ging bei der Polizei ein, in der jemand über brennende Häuser in Mölln sprach und mit „Heil Hitler" endete. In dieser Nacht starben drei Menschen: die zehnjährige Yeliz Arslan, die 14-jährige Ayşe Yılmaz und die 51 Jahre alte Bahide Arslan. Weitere neun wurden schwer verletzt. Wenige Tage später nahm die Polizei zwei junge Männer aus der rechtsradikalen Szene fest. In ganz Deutschland protestierten Menschen mit Lichterketten gegen den Fremdenhass. Doch es flogen weitere Brandsätze in Rostock, Hoyerswerda und Solingen. Das war für mich ein Wendepunkt. Die Bilder der brennenden Flüchtlingsunterkünfte gingen mir nicht mehr aus dem Kopf. Sollte ich mir etwa das Land, in dem ich aufgewachsen war, von den Rechten kaputtmachen lassen? Das kam überhaupt nicht in Frage! Wir trafen einen Entschluss.

Während wir vorher manchmal mit dem Gedanken gespielt hatten, in die Türkei zurückzukehren, sahen wir, wie wichtig es geworden war, in Deutschland für Vielfalt und Offenheit einzutreten. So wurde ich Mitglied bei den Grünen, und mein politisches Engagement gab unserem Leben eine neue Richtung. Sechs Jahre nach meinem Parteieintritt wurde ich Mitglied des Stuttgarter Gemeinderats und 2007 Fraktionsvorsitzende. Ein paar Jahre später zog ich als Abgeordnete in den Landtag von Baden-Württemberg ein und holte landesweit die meisten Stimmen. Und 2016 wurde ich zur Landtagspräsidentin in Baden-Württemberg gewählt – als erste Frau, erste Grüne und erste Abgeordnete einer Zuwandererfamilie. All das konnte ich erreichen, weil mir mein Mann Sami immer den Rücken freigehalten hat. Heute im Rückblick sehe ich, warum es bei uns so gut funktioniert hat.

Warum wir Frauen es selbst in der Hand haben

Tatsächlich gehören immer zwei dazu. Wie oft habe ich schon miterlebt, dass wir Frauen alles sein wollen: perfekte Partnerin, Super-Mutter, tolle Hausfrau und erfolgreiche Karrierefrau zugleich. Und dann noch alles zu 180 Prozent machen. Das kann nicht funktionieren! Niemand kann auf zehn Hochzeiten gleichzeitig tanzen, auch kein Mann. Mein Schlüssel war es, loszulassen und meinem Mann zu vertrauen. Ich hatte gar keine Zeit, darüber nachzudenken, ob die Kinder richtig angezogen waren oder die Spülmaschine schon ausgeräumt war. Ich musste Aufgaben abgeben, um meinen Weg zu gehen. Wenn wir die Männer nur lassen, können sie die Kindererziehung meistern – und wir Frauen können Karriere machen. Trotzdem habe ich das Gefühl, viele Frauen sind immer noch zu bescheiden und zurückhaltend. Denn an der Qualifikation kann es nicht liegen. Höchstens am Auftreten. Männer sind oft selbstbewusster, was ihre Fähigkeiten angeht. Zwischen Sami und mir war das anders. Ich werde nie vergessen, wie ich eines morgens aus der Haustür kam und ein gebrauchter Citroën vor der Tür stand. Den hatte mein Mann nach unserer Hochzeit besorgt, damit ich trotz unseres Umzugs nach Stuttgart weiter in Nürtingen zur Schule gehen konnte. Seitdem hat er mich immer unterstützt, alle Prüfungen mit mir durchgestanden und sein ehrenamtliches Engagement zurückgestellt, wenn ich lernen musste. Ich habe das aber auch eingefordert und ausgehandelt. Ich glaube, unser Glück war, dass wir zusammen erwachsen geworden sind. ✦

Meine Heimat ist nicht die Türkei

Abmelden vom Schwimmunterricht? Unterrichtsbefreiung wegen Sexualkunde? Das ist für mich unvorstellbar! Wie sollen Kinder sich eingliedern, wenn sie nicht dabei sein dürfen? Für mich steht das Kindeswohl über der Religionsfreiheit! Denn ich habe selbst erlebt, wie wichtig Bildung und Ausbildung sind, um ein selbstbestimmtes Leben zu führen. Sonst hätte ich meinen Weg nicht einschlagen können. Die Chancengleichheit war für mich immer ein wichtiges Thema, genauso wie Bildung. Es ist unsere Aufgabe als Politiker:innen, dafür die richtigen Rahmenbedingungen zu setzen. Das gilt auch für die Vereinbarkeit von Familie und Beruf. Natürlich darf jede Frau selbst entscheiden, welchen Weg sie einschlägt. Niemand muss Karriere machen, aber es muss die Chance dazu geben, und das funktioniert nur mit genug qualifizierten Betreuungsplätzen. Deshalb ist es für mich die schönste Aufgabe, als Politikerin an Grundsatzthemen wie Gleichberechtigung, Frauen in Führung, Heimat oder unseren Grundwerten mitzuarbeiten. Ich wünsche mir eine Gesellschaft, in der alle Menschen ihren Platz finden und die Möglichkeit auf ein selbstbestimmtes Leben haben. Zum Glück gibt es mittlerweile auch in der Wirtschaft viele Modelle, mit denen sich Familie und Beruf besser vereinbaren lassen. Genauso wichtig finde ich es, dass Ökologie und Ökonomie keine Gegensätze sind. Deshalb engagiere ich mich im „Bundesverband Nachhaltige Wirtschaft e. V." und im „Bundesverband der grünen Wirtschaft e. V.". Für mich ist Stuttgart meine Heimat. Obwohl mein Weg kein leichter war, würde ich ihn jederzeit wieder einschlagen. Ich bin glücklich mit meinem Job als Steuerberaterin und mit meinen politischen Ämtern. Auch wenn ich weiß, dass die Selbstständigkeit nicht für alle etwas ist. Sie hat viele Höhen und Tiefen und es gibt keine Sicherheit, dafür aber umso mehr Flexibilität. Wie schön, dass es viele verschiedene Karrieremöglichkeiten gibt, denn ich liebe die Vielfalt. Für mich war es schon immer wichtig, auf das zu setzen, was uns zusammenhält, und nicht auf das, was uns spaltet.

„Wie gut, dass mir eine Personalerin erzählt hat, wie schwer es ist, in großen Konzernen die gläserne Decke zu durchdringen. Sonst hätte ich mich vielleicht nicht selbstständig gemacht."

Steckbrief

Muhterem Aras

Unternehmen:	Steuerkanzlei Muhterem Aras
Geburtsjahr:	1976
Geburtsort:	Elmaağaç bei Bingöl, Türkei
Kinder:	1 Tochter und 1 Sohn
Gründung:	2000 Kanzlei in Stuttgart-Mitte
Branche:	Steuerberatung
Anzahl Beschäftigter:	12
Uni-Abschluss:	Diplomstudiengang Wirtschaftswissenschaften (Uni Hohenheim)
Homepage:	www.stb-aras.de und muhterem-aras.info

Das empfehle ich Gründerinnen

Netzwerke:

- Bundesverband Nachhaltige Wirtschaft e. V.
- Bundesverband der grünen Wirtschaft e. V.

Vorbilder:

Meine Mutter ist mein Vorbild. Es war ihr Wunsch, der meinen Vater dazu bewegte, nach Deutschland zu kommen. Sie war es, die sich in ganz besonderem Maße für unsere Bildung, insbesondere die der Mädchen, eingesetzt hat. Vor allem, weil sie selbst sehr unter den Beschränkungen ihrer Heimat gelitten hatte. Ich bewundere ihren Mut und ihre Stärke, mit der sie uns ein selbstbestimmtes und freies Leben hier in Deutschland ermöglichte.

Meine Tipps:

1. Mut und Selbstvertrauen – immer wieder etwas Neues wagen und sich etwas zutrauen, das halte ich für einen ganz entscheidenden Erfolgsfaktor.

2. Sich Scheitern erlauben – wir erleben manchmal Rückschläge im Leben, aber wir können aus solchen Situationen lernen und daran wachsen. Nur so können wir in unserem Leben und gesellschaftlich etwas verändern.

3. Perfektionismus ablegen – wir müssen uns vom Bild der perfekten Hausfrau und der perfekten Karrierefrau verabschieden. Das sind oft Rollenbilder, die uns beschränken in einem selbstbestimmten Leben. „Nicht perfekt sein, nur gut."

Mit Bio-Brot zur Online-Unternehmerin

Warum ich eine Promotionsstelle ausschlug
und es nie bereut habe

Mona Glock – MixDeinBrot®

Film über MixDeinBrot® anschauen

*„Alles beginnt mit einem Gedanken.
Gedanke und Vorstellungskraft gestalten die Realität (auch wenn etwas Zeit zwischen dem ersten Gedanken und der tatsächlich eingetretenen Realität vergeht).“*

(Louise L. Hay)

Eine Neurodermitis veränderte alles. Während diese Krankheit manch eine Familie an den Rand der Verzweiflung treibt, legte sie für Mona Glock den Grundstein ihres Unternehmens. Obwohl sie gar nicht selbst daran litt, sondern ihr Bruder. Verwandte schüttelten nur den Kopf, als Monas Mutter begann, Zucker und Weizen aus dem Hause Glock zu verbannen und Brot, Pizza und Kuchen aus Dinkelmehl zu backen. Mona stand als Kind oft mit ihrer Mutter in der Küche und half ihr. Kein Wunder, dass sie schließlich Ernährungswissenschaften und Lebensmitteltechnologie studierte. Fast hätte sie eine klassische Unikarriere eingeschlagen – eine Promotionsstelle hatte sie bereits in der Tasche. Doch im letzten Moment machte sie einen Rückzieher. Schließlich nagte seit Jahren ein Gedanke in ihrem Hinterkopf: Könnten die bewährten Rezepte ihrer Mutter nicht vielen Menschen zugutekommen – in Form von Brotbackmischungen? „Wenn nicht jetzt, wann dann?", dachte sich Mona und gründete ihr Unternehmen MixDeinBrot®. Doch in der hart umkämpften Lebensmittelbranche Fuß zu fassen, war alles andere als einfach. Bis sich Mona Glock beim Förderprogramm von Amazon für Unternehmerinnen bewarb. Seitdem bietet sie längst nicht mehr nur Brotbackmischungen an. ✦

Wie aus einer Kindheit ohne Schokolade die Idee für mein Unternehmen wurde

Die Knethaken kämpften sich beständig durch den zähen Teig, mein kleiner Bruder Benjamin war über und über mit Mehl bestäubt und meine Mutter schaltete gerade den Backofen ein. So liefen viele Tage bei uns ab, und ich stand als kleines Mädchen beim Brotbacken oft neben meiner Mama. Bei unseren Verwandten galten wir längst als Exoten, weil meine Mama regelmäßig zu einer nahen Mühle fuhr, um frische Dinkelkörner einzukaufen. Denn Dinkelmehl gab es damals nicht im Supermarkt und so mahlte sie zu Hause unser eigenes. Damit backte sie alles: Brot, Pizza und Kuchen. Aber noch etwas war bei uns anders – es gab fast keine Süßigkeiten. Nicht, weil meine Mutter besonders streng war, sondern weil mein Bruder Benjamin an Neurodermitis litt. Eine Heilpraktikerin hatte meiner Mutter empfohlen, unsere Ernährung umzustellen und auf Weizen und Industriezucker zu verzichten. Das half! Benjamin ging es bald besser, und für mich waren Kochen und Backen mit vollwertigen Zutaten zu einer Selbstverständlichkeit geworden. Wahrscheinlich habe ich deswegen Ernährungswissenschaften studiert. Aber wie sehr die bewährten Rezepte meiner Mutter mein Leben verändern würden, ahnte ich damals nicht. ✦

Warum ich beschloss, zu gründen

Abgesagt. Von einem Tag auf den anderen. Dabei lief jahrelang alles auf eine klassische Unikarriere hinaus. In Hohenheim habe ich mich immer wohlgefühlt: Die Mammutbäume und Magnolien im Botanischen Garten, die Vorlesungen im schönen Schloss und die modernen Laborräume waren für mich genau die richtige Mischung. So folgte nach meinem Bachelorabschluss der Master in Lebensmittelwissenschaften und -technologie, und im Anschluss hatte ich eine Zusage für eine Promotionsstelle bei einem großen Lebensmittelbetrieb in der Tasche. Doch in meinem Hinterkopf nagten immer wieder diese Gedanken. War das der richtige Weg? Was würde aus dem Schatz werden, den ich in der Schublade liegen hatte? Könnte ich nicht mit den wunderbaren Brotrezepten meiner Mutter viel mehr Menschen helfen, sich bewusster zu ernähren? Schließlich kamen sie ganz ohne Zusatzstoffe aus und enthielten nur Bio-Zutaten. Eine Bäckerei aufmachen wollte ich nicht. Jeden Morgen um vier Uhr aufstehen? Und erst all die Vorschriften, das klang nicht reizvoll. Meine Kund:innen sollten lieber ihr Brot zuhause selbst backen – mit Backmischungen. Meine Eltern waren meine großen Vorbilder, schließlich führte mein Vater seinen Malerbetrieb und meine Mutter unterstützte ihn bei der Buchhaltung. Mir gefiel die Idee, mich selbstständig zu machen, und mein Vater zeigte mir, wie wichtig es ist, Entscheidungen zu treffen. Wenn nicht jetzt, wann dann? Ich war Feuer und Flamme für die Idee, dass Menschen mit meinen Rezepten ihre individuellen Lieblingsbrote selbst kreieren könnten. So ließ ich mit viel Aufwand eine Webseite programmieren, auf der sich jeder seine eigene Backmischung zusammenmixen konnte. Ich wollte sie dann abfüllen und ihnen zuschicken.

Die perfekte Idee! Natürlich musste am Ende auch ein gutes Brot dabei herauskommen. Also sagte ich meine sichere Promotionsstelle ab und beschloss, mein eigenes Unternehmen auf die Beine zu stellen. Doch leider lief es nicht so wie geplant. Obwohl ich von meinen Eltern wusste, dass eine Firma zu führen kein Zuckerschlecken ist, hatte ich mir die Selbstständigkeit einfacher vorgestellt. Vor allem, die Kundschaft zu finden. ✦

Bill Gates fing in der Garage an – ich im Keller meiner Eltern

Pffft. Etwa so klang es jeden Tag, bevor ich den Lagerraum im Keller meiner Eltern betrat. Ich musste meine Hände desinfizieren und Laborkittel, Haarnetz und Arbeitsschuhe anziehen. Das sah nicht gerade sexy aus, aber so sind nun einmal die Hygienevorschriften. Eigene Räume konnte ich mir damals nicht leisten. So fing meine Selbstständigkeit im Keller meiner Eltern an. Im Lagerraum standen Dinkel-, Einkorn- und Emmermehle, Chia-Samen, Cranberries, Sonnenblumenkerne, Cashewkerne, Kürbiskerne und viele weitere Zutaten in den Regalen. Allesamt biozertifiziert und frei von Schadstoffen – das war mir immer sehr wichtig. Sobald jemand bestellte, ging ich hinunter zum Abfüllen. Ich musste mit einer geeichten Waage arbeiten und jedes entnommene Gramm fein säuberlich in mein Buch eintragen. Mal mischte ich ein Dinkelbrot mit Cranberries, mal ein Paleo-Brot ohne Hefe, mal ein Urkorn-Power-Brot, und kurz vor Weihnachten waren die Superfruit-Schnecken gefragt. Vor allem die exotischen Zutaten waren schwer zu bekommen. Für viele Lieferant:innen lohnten sich die kleinen Mengen nicht, die ich benötigte. Nach langer Suche landete ich schließlich bei der Mühle, in der schon meine Mutter eingekauft hat. Die Besitzerin hat mich sehr unterstützt. Und das war bitter nötig, denn vom Verkaufen hatte ich keine Ahnung. War ich trotz all der Ratschläge meiner Eltern doch zu blauäugig in die Gründung gestartet? ✦

» Gesundheit beginnt mit jedem Bissen, den wir essen, und jedem Gedanken, den wir denken. «

„Wenn ich jetzt nicht gründe, wann dann?“

Schlaflose Nächte und ein Griff ins Klo

„Mona, was machst du eigentlich den ganzen Tag?“, hat mein Freundeskreis oft gefragt. Niemand konnte sich vorstellen, warum ich meist zehn Stunden lang am Schreibtisch saß – selbst am Wochenende. Und was um alles in der Welt ich dauernd zu tun hatte. Ich wusste es ja anfangs selber nicht. Oft lag ich nachts wach und fragte mich: Mache ich alles richtig? Bin ich gut genug? Vor allem das Verkaufen fiel mir schwer. Den Telefonhörer in die Hand zu nehmen und potenzielle Kundschaft anzurufen, lag weit außerhalb meiner Komfortzone. Zwar hatte ich im Studium alles über Lebensmittelrecht und Etiketten gelernt, aber nichts über Marketing. Meine ersten Verpackungen habe ich selbst gestaltet – und war sehr zufrieden damit! Erst als ich eine professionelle Verpackungsdesignerin beauftragte, sah ich den himmelweiten Unterschied.

Im Nachhinein muss ich fast über meine ersten Versuche lachen. Bei meiner Webseite wollte ich es dann von Anfang an richtig machen und beauftragte einen Profi. Leider war das ein Griff ins Klo! Meine Seite wurde und wurde und wurde nicht fertig, und die Zusammenarbeit kostete mich den letzten Nerv und viel Geld. Irgendwann musste ich die Reißleine ziehen – und stand ohne Webseite da. Nur ein Glücksfall rettete mich. Auf einem Netzwerktreffen für Selbstständige, einem Meetup, lernte ich jemanden kennen, der mit mir einen Tag lang meine Homepage baute. Seitdem sind wir gute Freunde geworden, ich bin ihm so dankbar! Wie wichtig Netzwerktreffen doch sind! Endlich konnte ich mich mit Menschen austauschen, die mich verstanden – das hat einfach gutgetan. Es war beruhigend zu sehen, dass die Gründerwelt auch für andere nicht nur Gold und Glitzer ist. Doch kaum war meine Webseite fertig, traf mich der nächste Schlag: Ich musste mir eingestehen, dass die Idee meines Brotmixers bei den Menschen nicht ankam. Sie fanden es zu kompliziert, sich ihr Wunschbrot selbst zusammenzustellen, und wollten lieber fertige Backmischungen haben. Sollte ich meine Idee etwa begraben? Wie hat mein Herz geblutet! Nach all der Arbeit, die ich hineingesteckt hatte. Doch es half nichts. Ich musste es allen leichter machen und mein Sortiment auf wenige Brotbackmischungen zusammenschrumpfen. Das tat richtig weh! Aber ich bin in dieser Zeit persönlich gewachsen. Und stand nur kurz davor, es mit meinen neuen Brotbackmischungen in die Regale einer Supermarktkette zu schaffen. Leider kam alles anders. ✦

Warum sich Wachstum wie eine Trennung anfühlen kann

Alles, was passiert, ist für irgendetwas gut. So wie diese Absage, mit der ich nicht gerechnet hatte. Im Supermarktregal sieht es aus wie in einer Sardinenbüchse: eine Brotbackmischung neben der anderen. Mit Hefe, ohne Hefe, glutenfrei oder direkt aus der Mühle – die Konkurrenz ist riesig. Und die Kundschaft gnadenlos. Am Ende zählen nur zwei Dinge: gutes Marketing und der Preis. Das habe ich gemerkt, als ich es nach der Testphase nicht ins Sortiment von Denn´s geschafft habe. So konnte es nicht weitergehen. Wo konnte ich neue Kund:innen finden? Kurzerhand meldete ich mich 2019 für das Förderprogramm „Unternehmerinnen der Zukunft" von Amazon, den Global Digital Women, dem Verband deutscher Unternehmerinnen und der BRIGITTE Academy – mit 160 anderen Bewerberinnen an. Das Ziel: Gründerinnen fit fürs digitale Zeitalter zu machen. Ich wurde tatsächlich ausgewählt! Mir fiel ein Stein vom Herzen! Mein Coach erklärte mir alles, was ich wissen musste, um meinen eigenen Amazon-Shop aufzubauen. Ich widmete mich dem Online-Marketing. Der große Durchbruch kam, als ich meine Nische fand: Fortan verkaufte ich eiweißreiche Mehle aus Süßlupinen oder Kokos an Sportbegeisterte und Low-Carb-Produkte an Ernährungsbewusste. Nun verkaufte ich sogar nach Frankreich. Aber mir wurde klar, dass ich all das Abwiegen, Verpacken, Etikettieren und Zur-Post-Bringen nicht mehr allein stemmen konnte. Kurz vor Weihnachten stieg mein Stresspegel enorm an und ich suchte nach einer Lösung. Irgendwann musste ich mich mit dem Gedanken anfreunden, meine Produktion auszulagern. Die Suche gestaltete sich als schwierig, weil viele Produktionsunternehmen Mindestabnahmemengen verlangten, während andere meine Bio-Zutaten nicht im Sortiment hatten. Bevor ich ganz verzweifelte, fand ich doch noch eine Lösung: die Filderwerkstatt, eine Behindertenwerkstatt in der Nähe meiner Heimatstadt. Schon bei der Besichtigung hatte ich ein gutes Gefühl. Als es dann aber so weit war, saß mir auf einmal ein dicker Kloß im Magen. So lange hatte ich alles selbst gemacht. Sollte ich das nun einfach abgeben? Es hat sich für mich fast wie eine Trennung angefühlt. Doch heute bin ich sehr froh darüber, weil ich sonst wohl kaum Zeit gehabt hätte, den nächsten Schritt zu gehen. ✦

Wo sind nur all die Frauen?

Woran es liegt, weiß ich auch nicht: In meinem Studiengang der Ernährungswissenschaften waren wir 35 Frauen und nur zwei Männer. Aber in der Gründerszene sehe ich fast keine Frau. Dabei gibt es doch so viele Möglichkeiten, sich selbstständig zu machen – als Food-Stylistin oder Food-Fotografin zum Beispiel. Es ist auch nicht mehr wie früher. Männer gehen jetzt mit ihren Kindern zum Spielplatz oder nehmen Elternzeit. Und es gibt immer mehr Förderprogramme oder Veranstaltungen speziell für Frauen. Als ich studierte, gab es an der Uni nur einen Berufsinformationstag – das war´s. Mit dem neuen Lehrstuhl für Entrepreneurship hat sich vieles geändert, und das finde ich toll. Aber auf der Bühne sehe ich trotzdem keine Frauen. Außer an dem Abend, als ich selbst als Jury-Mitglied an den Businesswochen in Böblingen teilnahm. Nicht nur dem Jury-Team, sondern auch dem Publikum fiel auf, dass an diesem Abend gleich zwei Start-ups mit Gründerinnen dabei waren: „Beneto" und „Spoontainable". Es war klasse zu sehen, wie die beiden ganz vorne mitgemischt haben. Wir Frauen können es doch genauso gut! Manchmal denke ich, es fehlt uns nur an Selbstbewusstsein. Deshalb habe ich eine Mission: Ich möchte eine Lanze für Frauen auf der Bühne brechen und die Frauenquote erhöhen! Mein allergrößter Traum ist es, einmal bei einem TED-Talk zu sprechen. Damit möchte ich andere Frauen inspirieren, Unternehmerinnen zu werden. Stellt euer Licht nicht unter den Scheffel! Gerne helfe ich euch dabei, euren Weg zu gehen. Denn ich habe selbst viel Hilfe erfahren und weiß, wie schwer der Weg einer Gründerin ist. ✦

„Mein Motto: Einfach machen. Nicht jahrelang überlegen, könnte ich, sollte ich, möchte ich, sondern machen."

PALEO BROT
BIO

Warum ich mir keine Sorgen um meine Zukunft mache

Es ist so weit. Langsam sehe ich, wie die Zahnräder ineinandergreifen. Obwohl es rückblickend viel länger gedauert hat. Mein Traum vom eigenen Business nimmt Gestalt an. Mittlerweile sind meine Backmischungen und Mehle nur ein Baustein im großen Ganzen.
Ich habe mein Portfolio erweitert, von der körperlichen hin zur mentalen Gesundheit. Mittlerweile gebe ich Workshops im Rahmen der betrieblichen Gesundheitsförderung, verkaufe mein eigenes Kartenset „mindful moments“ und habe mein digitales Coaching-Programm „Food & Mind“ ins Leben gerufen. Auf diesen Wegen begleite ich Menschen, die Wohlfühlversion von sich selbst zu werden – gehen müssen sie den Weg allerdings alleine. Über eine eigene Familie habe ich schon nachgedacht. Kinder – ja klar, gerne! Natürlich habe ich mich gefragt, wie ich das mit meiner Selbstständigkeit vereinbaren kann. Deshalb möchte ich mein Business so aufstellen, dass es auch ohne mich weiterläuft. Entweder indem ich jemanden einstelle oder stärker digital arbeite. Das wäre richtig toll. Die Kinderbetreuung würde ich mir mit meinem Partner aufteilen, denn mein Unternehmen möchte ich auf jeden Fall weiterführen – auch mit Familie! ✦

„Ich möchte für Frauen ein Vorbild sein.“

Tief durchatmen: Wie ich meinen 10-Stunden-Tag entschleunigte

„Was, 25? Das ist doch steinalt!“ Früher habe ich so gedacht und wollte nie älter werden. Heute ist das anders. Ob ich stolz bin? Ich weiß es nicht. Aber ich freue mich, dass ich so weit gekommen bin. Die Gründung ist ein langer Weg. Rückschläge gibt es immer. Aber ich denke: Sonst hätte ich wohl nie so viel über mich selbst gelernt. Ja, ich denke, darauf bin ich schon ein wenig stolz. Das Beste ist: Ich habe so viele tolle Menschen kennengelernt. Auf all die Begegnungen möchte ich nicht verzichten. Ich nehme auch die kleinen Dinge viel bewusster wahr, die oft selbstverständlich scheinen, wenn man jünger ist: dass ich gesund bin, dass ich mit meinem Unternehmen wachse, dass ich Menschen begeistern darf. Und dass ich das nur kann, wenn ich auch auf mich selbst achtgebe. Mich fasziniert immer wieder, was unser Herz über all die Jahre leistet, ohne dass wir ein Ersatzteil benötigen. Das ist doch enorm! Deshalb habe ich feste Morgen- und Abendroutinen in meinen Alltag eingebaut. Ich versuche, mich jeden Tag über etwas zu freuen und die kleinen Dinge wertzuschätzen. Tennis und meine Laufgruppe haben einen festen Platz in meinem Wochenplan. Außerdem bin ich geduldiger geworden. Ich weiß, dass von der ersten Produktidee bis zur Umsetzung oft Monate vergehen können. Auch Nachtschichten lege ich keine mehr ein. Am Sonntag mache ich oft Ausflüge, lese ein Buch oder treffe mich mit Leuten aus meinem Freundeskreis, von denen auch viele selbstständig sind. Alles in allem habe ich andere Prioritäten im Leben gefunden. Nur ein Wunsch steht noch auf meiner „Bucket List“, meiner Wunschliste. Im Sommer bin ich den Wanderweg E5 über die Alpen in sechs Tagen gelaufen – das kann ich streichen. Nun stehen noch ein Fallschirmsprung und eine Frankreich-Durchquerung innerhalb von drei Wochen auf meiner Liste. Doch das Wichtigste, was ich gelernt habe, ist es, jeden einzelnen Tag zu genießen. ✦

Steckbrief

Mona Glock

Unternehmen:	MixDeinBrot®
Geburtsjahr:	1989
KInder:	keine
Gründung:	2015
Branche:	Ernährung
Anzahl Beschäftigter:	keine
Uni-Abschluss:	Bachelor of Science in Ernährungswissenschaften (Uni Hohenheim) Master of Science in Lebensmittelwissenschaften und -technologie (Uni Hohenheim)
Homepage:	https://mixdeinbrot.de und https://monaglock.de

Das empfehle ich Gründerinnen

Netzwerke & Veranstaltungen:

- Branchenspezifische Meetups z.B. über die App „MeetUp“ in jeder Stadt
- Themenspezifische Gruppen auf Facebook oder LinkedIn
- Digital Female Leader Award

Förderprogramme:

- Unternehmerinnen der Zukunft (https://unternehmerinnenderzukunft.de/)
- IFEMPOWER

Mein wichtigster Tipp:

- Der Ideenwettbewerb „TROPHELIA Deutschland“ für innovative Lebensmittelprodukte mit ökologischem Benefit vom Forschungskreis der Ernährungsindustrie e.V. kann ein Sprungbrett für eine Firmengründung sein.

Vorbilder & Mentorinnen:

1. Robert Heinecke, der Smart City-Experte, der 2015 das Hamburger Start-up Breeze Technologies gründete, um unsere Umwelt lebenswerter zu gestalten

2. Richard Branson, der vom Plattenverkäufer zum Milliardär wurde und mit seiner Virgin-Gruppe einer der erfolgreichsten Unternehmer der Welt ist

3. Gabby Bernstein, die Speakerin und Autorin, die ihr spirituelles Wissen unterhaltsam und undogmatisch per Social Media an die junge Generation weitergibt

4. Laura Malina Seiler, die als Schriftstellerin, Coach, Speakerin und Podcasterin jungen Menschen die Themen Persönlichkeitsentwicklung, Meditation, Spiritualität und Achtsamkeit näher bringt

Gegen alle Konventionen

Wie ich meinen Weg fand, als es Kita-Plätze nur für „gefallene“ Frauen gab

Waltraud Weegmann – Konzept-e für Bildung und Soziales GmbH

„Ihr würdet doch niemals euren Söhnen eine Ausbildung empfehlen, die zu 50 Prozent schiefgehen kann. Warum sollten sich dann eure Töchter von einem Mann abhängig machen, wenn auch die Ehe zu 50 Prozent schiefgehen kann?“

Waltraud Weegmann wuchs in einer Zeit des Umbruchs auf: Häkelnde Frauen im Bundestag oder stillende Mütter im Bus gehörten wie selbstverständlich zum Alltag, doch Frauen, die Karriere machen wollten, gab es kaum. Obwohl die Rufe nach Gleichberechtigung immer lauter wurden und viele Frauen die Bevormundung satthatten, sah die Realität oft noch anders aus. Wer keine Hausfrau sein wollte, wurde misstrauisch beäugt und als Rabenmutter abgestempelt. Waltraud Weegmann ließ sich davon nicht beirren. Sie beschloss schon früh, sich nicht abhängig zu machen und ihr Leben selbst in die Hand zu nehmen. Sie studierte Wirtschaftswissenschaften und gründete noch im Studium wegen eines fehlenden Betreuungsplatzes für ihren Sohn ihre erste eigene Kita. So begann ihr Karriereweg als selbstständige Unternehmensberaterin für Konzerne und den Mittelstand, bis sie ein Angebot erhielt, das sie nicht ablehnen konnte: eine Betriebskita gründen. Das war der Grundstein für ihr eigenes Unternehmen, die Konzept-e für Bildung und Soziales GmbH. Daraus wurde eine Unternehmensgruppe mit mehr als 40 Kitas, zwei Grundschulen, zwei Gemeinschaftsschulen, drei Fachschulen für Erzieher:innen und einer Fachschule für Jugend- und Heimerzieher:innen. Waltraud Weegmann hat es sogar geschafft, Männer für den Erzieherberuf zu begeistern. Denn eines zieht sich durch ihr Leben wie ein roter Faden: Sie glaubt nicht an veraltete Konventionen. ✦

Was die kann, kann ich schon lange!

„Wieso geht die und ich nicht?" Nachdenklich saß ich als kleines Mädchen in dem Zimmer, das ich mir mit meinen Schwestern teilte, und kaute auf meiner Unterlippe. Meine beste Freundin würde demnächst aufs Gymnasium wechseln. Und ich? Was war mit mir? Ich war doch genauso gut wie sie! „Papa, ich möchte aufs Gymnasium", rief ich noch am selben Abend in der Küche. Glücklicherweise hatte mein Vater nichts dagegen. Ihm war es wichtig, dass seine Töchter eine gute Ausbildung hatten und ihren Beruf frei wählen konnten. Nicht so wie er, der damals nur Koch oder Küfer werden durfte, obwohl seine Leidenschaft die Kunst war. Ich wusste schon als Vierjährige, was ich wollte: „Ich will mal Chefin werden", verkündete ich damals stolz. In einer Kleinstadt leben wollte ich auch nicht. „Ich halte das hier nicht mehr aus!", sagte ich meinen Eltern und nahm mir mit 16 Jahren ein Zimmer in Stuttgart. Angst hatte ich keine, und dazu war ich nicht auf den Mund gefallen. In der Schule sollten Mädchen ja am besten brav und still sein und sich nicht an politischen Diskussionen beteiligen. Das ließ ich mir nicht vorschreiben. Obwohl ich am technischen Gymnasium eines von zehn Mädchen unter 90 Jungen war, wurde ich zur Schulsprecherin gewählt. Schließlich war ich schon als Kind zur Selbstständigkeit erzogen worden, weil meine Eltern viel arbeiten mussten. Wir fuhren allein zum Klavierunterricht, zum Tischtennis oder Schwimmen, und ich lernte früh, Verantwortung zu übernehmen. Genauso untypisch war wohl mein Faible für Zahlen: Mathe und Physik waren meine Lieblingsfächer – und sie wiesen mir den Weg. Auch wenn mich dieser Weg an einen ganz anderen Ort führen sollte. ✦

Was Mütter niemals ihren Söhnen empfehlen würden

Fast wäre ich explodiert. Wie können Mütter so etwas nur zu ihren Töchtern sagen? Das war mir absolut unbegreiflich. „Meine Tochter soll frei entscheiden, ob sie arbeiten oder zuhause bei ihren Kindern bleiben will." Solche Aussagen machten mich richtig wütend. „Würdest du deinem Sohn nicht davon abraten, eine Ausbildung zu machen, die zu 50 Prozent schiefgehen kann?", habe ich dann immer gefragt. Aber die meisten haben das nicht verstanden. Denn was passiert, wenn die Ehe zerbricht? Dann sitzt die Frau mit nichts auf der Straße, eine Handbreite neben der Sozialhilfe. Ich war sicher keine Feministin wie Alice Schwarzer, aber diese Ungerechtigkeit wollte ich nicht hinnehmen und etwas dagegen tun. Deshalb trat ich in das internationale Netzwerk „European Women's Management Development", kurz EWMD, ein, das 1984 für Frauen in Führungspositionen gegründet worden war. Denn was ich bis dahin zum Thema Frauen und Berufstätigkeit gehört hatte, ging mir richtig gegen den Strich. In den 80ern tobte ein Grabenkampf zwischen Hausfrauen und berufstätigen Müttern, den „Rabenmüttern". Ich wusste von Anfang an, auf welcher Seite ich stehe. Mir war es immer wichtig, unabhängig zu sein und mein eigenes Geld zu verdienen. Dafür habe ich viele Jahre gekämpft! Und dieser Kampf begann schon während meines Studiums – Gleichberechtigung Fehlanzeige. ✦

„Nach meinem Studium hörte ich: 'Wir stellen als Trainees grundsätzlich keine Frauen ein'."

Einen Kita-Platz? Den gibt es nur für „gefallene" Frauen

„Die nehme ich extra hart ran." Das las ich im Gesicht des Professors, der vor mir saß, um mir meine mündliche Vordiplomsprüfung in Wirtschaftswissenschaften abzunehmen. Er hatte mich schon zur Begrüßung gefragt: „Was wollen Sie denn hier?" Nun musterte er mich durchdringend mit meinem dicken Bauch, denn ich war lange Zeit nicht mehr an der Uni gewesen. Als Frau mit Karriereambitionen war mir schon früh klar, dass das Studium der beste Zeitpunkt für das Kinderkriegen war. So war ich mit 23 Jahren geplant schwanger geworden. Doch ab dem sechsten Monat gab es Komplikationen. „Sie sollten sehr viel liegen", riet mir meine Frauenärztin. Das tat ich und tauchte daher erst zur Prüfung wieder in Hohenheim auf. Mein Professor dachte wohl, ich hätte die ganze Zeit geschwänzt. Also fühlte er mir besonders intensiv auf den Zahn und fragte mich Dinge, die kein anderer Prüfling beantworten musste. „Der wartet bestimmt nur darauf, dass ich gleich heulend rausrenne", dachte ich mir, „aber den Gefallen werde ich ihm nicht tun!" Ich bestand die Prüfung und brachte wenig später meinen Sohn zur Welt. Schon bald stieß ich auf ein weiteres, ungeahntes Hindernis. Wie sollte ich die Vorlesungen besuchen und gleichzeitig auf meinen Sohn aufpassen? Als ich mich nach Kita-Plätzen umsah, erhielt ich immer wieder dieselbe Antwort: „Sie sind verheiratet? Dann tut es uns leid. Wir haben nur Plätze für ‚gefallene' Frauen." So wurden zu dieser Zeit unverheiratete Mütter bezeichnet. Damit hatte ich nicht gerechnet. Mir blieb also nichts anderes übrig, als eine Tagesmutter zu engagieren, die in der Nähe der Uni wohnte. Immer wenn mein Sohn Hunger hatte, fuhr sie den Kinderwagen vors Fenster des Vorlesungssaals, und ich kam zum Stillen raus. Das störte niemanden. Doch mich wurmte es, dass mein Sohn nicht in eine Kita gehen und mit anderen Kindern spielen konnte. Was wäre, wenn ich selbst eine gründen würde? Noch am Abend malte ich ein Plakat, hängte es an der Uni aus und kurze Zeit später hatte ich zehn Mitstreiterinnen gefunden. Schnurstracks marschierte ich zum Rathaus und erkundigte mich bei der Stadt Stuttgart nach den notwendigen Rahmenbedingungen. Schwuppdiwupp hatten wir einen Verein ins Leben gerufen und drei Erzieherinnen angestellt. Hätte ich das nicht getan, wäre vielleicht nie das Angebot auf meinen Tisch geflattert, das meinen Weg veränderte. ✦

„Eine Unternehmerin muss vorne stehen und die Fahne tragen."

> „Wir möchten mit unserem Bildungskonzept Kindern die Freiräume zum Ausprobieren und Erforschen geben, damit Baden-Württemberg das Land der Tüftler:innen bleibt."

Das wäre heute undenkbar

Ich war empört! Was ich bei meinem Vorstellungsgespräch bei der Allianz erlebte, war eine Schande. Ich saß mit meinem Abschlusszeugnis dort am Tisch und war voller Hoffnung – schließlich hatte ich gute Noten. Doch der Personaler sah sie sich kaum an und sagte mir direkt ins Gesicht: „Wissen Sie, wir stellen grundsätzlich keine Frauen als Trainees ein." Ungläubig schaute ich ihn an, dann stand ich auf und verließ den Raum. Ähnlich erging es mir bei Daimler. „Tut uns leid, aber das kann man keinem Mann zumuten, dass eine Frau ihm irgendetwas sagt." Da hatte ich nun ein Wirtschafts-Diplom in der Tasche und bekam trotzdem keine Stelle. Schließlich landete ich in der Akademikerberatung beim Arbeitsamt. Der Sachbearbeiter musterte mich eine Weile und blickte dann wieder auf meine Unterlagen. „Frau Weegmann, wollen Sie denn wirklich arbeiten? Sie haben doch einen Mann, der verdient." Da war es wieder. Mein Thema. Ich hatte doch nicht jahrelang studiert, um zu Hause zu bleiben, zu kochen und Kinder zu hüten! Mittlerweile war unser zweiter Sohn auf die Welt gekommen und für meinen Mann und mich vollkommen klar, dass wir uns die Kinderbetreuung wieder aufteilen würden. Jeden Abend saßen wir gemeinsam zusammen und haben überlegt: Welche Termine stehen morgen an? Welche sind wichtiger? Während der ganzen Zeit waren wir nie uneins darüber, wer morgens die Kinder in unsere Kita bringt und wer direkt aus dem Haus geht. Und jetzt sollte ich zu Hause sitzen? So schnell gab ich nicht auf. Schließlich fand ich doch noch einen Job bei einem mittelständischen Softwareunternehmen. Dort blieb ich anderthalb Jahre lang. Als unsere Söhne vier und sieben Jahre alt waren, bot sich mir eine ganz neue Chance als Unternehmensberaterin. ✦

WIE ICH MIT 35 NOCH MAL NEU ANFING

„Sagen Sie, Frau Weegmann, was halten Sie von einem Pilotprojekt?“, fragte mich der damalige Wirtschaftsminister von Baden-Württemberg Hermann Schaufler. Ich hatte als Vorsitzende des internationalen Frauennetzwerks EWMD schon viele Gespräche mit ihm geführt, bei denen es immer um ein Thema ging: die Vereinbarkeit von Beruf und Familie. Das hatte mich nie losgelassen, obwohl ich zwischenzeitlich als Beraterin für große Firmen wie Daimler, Lufthansa oder Audi als selbstständige Unternehmensberaterin arbeitete. Eine Freundin hatte mich in ihr externes Beraterteam geholt, um Firmen bei Change-Prozessen zu begleiten. So gründete ich 1988 als Einzelunternehmerin die Konzept Gesellschaft für Unternehmensberatung mbH. Schon im ersten Jahr war ich dank meiner Freundin gut gebucht.

Eines Tages kam dann Hermann Schaufler auf mich zu. Er erzählte mir von seinem Pilotprojekt und beauftragte mich, eine Expertise zum Thema „Kindertagesstätten in Unternehmen“ zu schreiben. Kurze Zeit später bekam ich Besuch von Siegbert Lapp, dem Gesellschafter der Lapp-Gruppe, und Herbert Matysiak, dem damaligen Vorsitzenden des Betriebsrats der DEKRA. Beide Unternehmen wollten gemeinsam im Industriegebiet Vaihingen-Möhringen in Stuttgart eine Betriebskita gründen. „Frau Weegmann, Sie kennen sich doch damit aus! Wir wissen gar nicht, wie die Räumlichkeiten aussehen müssen oder was die rechtlichen Rahmenbedingungen sind. Wollen Sie nicht die Organisation und das Management übernehmen?“ Wollte ich das? Weiterhin selbstständig sein und nebenbei etwas Neues aufbauen, wodurch ich gesellschaftlich etwas bewegen könnte? War das nicht immer mein Traum gewesen? Aber ich wollte realistisch an die Sache rangehen. Als Betriebswirtin war mir klar: Dieses Geschäftsfeld musste ich wie jedes andere auf Herz und Nieren prüfen und das Potenzial klären. Denn wenn ich mich dafür entscheiden sollte, dann auf der Grundlage von Fakten. Wie hoch ist der Bedarf? Ist die Idee tragfähig? Welche Risiken gibt es? Ganz ohne Unsicherheiten ging es nicht, aber ich sagte zu, erweiterte meine Unternehmensberatung um ein Geschäftsfeld und begann den Verein Kind e. V. Stuttgart aufzubauen. Das war meine Chance, eine Kita ganz anders aufzuziehen als alles, was es damals gab. ✦

Gegen den Strom: Eine revolutionäre Kita

Meiner Meinung nach konnte es nicht sein, dass alle anfallenden Aufgaben in der Kita von Erzieher:innen erledigt werden sollten, wie es bei anderen Trägern üblich war. Wie sollten erzieherisch Tätige gut im Marketing sein, wenn sie darin doch gar nicht ausgebildet wurden? „Wir brauchen Profis in allen Bereichen, erklärte ich meinem Team." Deshalb trennten wir Kita und Management, und ich besetzte die Stellen in der Verwaltung, im Personalwesen sowie im Marketing mit erfahrenen Personen – eine erfahrene Betriebswirtin war ich ja selbst. Natürlich trieb mein Konzept anfangs die Kosten in die Höhe, andererseits konnten wir so unsere Arbeit besonders professionell machen und wir hatten unsere Nische gefunden: Qualität in allen Bereichen und eine Ganztagesbetreuung. „Eine Kita für berufstätige Eltern darf nicht um zwölf Uhr mittags zumachen", stellte ich klar, „und auch nicht nur Kinder ab drei Jahren aufnehmen." Welchen Unterschied das machte, hatte ich schließlich selbst erlebt. Also setzten wir von Anfang an auf ein Ganztageskonzept, in das wir viele wissenschaftliche Erkenntnisse über das Lernen und die Entwicklung von Kindern mit einfließen ließen. Meine Vision und das dahinterliegende pädagogische Konzept waren folgende: Wenn Kinder genug Freiräume haben, lernen sie, selbstständig Probleme zu lösen, werden selbstbewusst und erforschen die Natur, die Kunst und das Leben. Damit wollte ich dazu beitragen, dass Baden-Württemberg ein Land der Tüftler:innen bleibt! Das war der Startschuss für die Konzept-e für Bildung und Soziales GmbH als Dach für unser gesamtes Ganztageskonzept. Und noch eines wollte ich verändern, eine Konvention, die mir schon lange ein Dorn im Auge war: Warum gab es in Kitas keine Männer als Erzieher? Ich beschloss, das in unseren Kitas zu ändern. ✦

Wie sich Männer für den Erzieherjob begeistern lassen

„Wissen Sie, woher der Erzieherjob kommt? Früher haben ihn Diakonissen oder Nonnen für Gottes Lohn verrichtet.“ Darüber redeten wir bei einer unserer Sitzungen. Kein Wunder, dass dieser Beruf so schlecht bezahlt ist. Das sollte nicht so sein! Doch eines war mir klar: Männer arbeiten nicht für wenig Geld und „nur“ einen guten Zweck. Das hatten die Umfragen zum Bundesprojekt „MEHR Männer in Kitas“ bestätigt. Wir lasen das ein oder andere Mal: „Als Kfz-Mechaniker verdiene ich viel mehr. Da müsste ich schön blöd sein, Erzieher zu werden.“ Also nahmen wir verschiedene Ausbildungen unter die Lupe und verglichen sie mit der Erzieherausbildung. Ohne höhere Gehälter und vor allem ohne bezahlte Ausbildung würde es schwierig werden. Wir brauchten ein neues Konzept, um mehr Männer für die Erzieherausbildung zu gewinnen und nannten es „eMANNzipation – mehr Männer in Kitas“. Unsere Idee einer dualen und finanzierten Ausbildung kam so gut an, dass sie in Baden-Württemberg als praxisintegrierte Ausbildung (PiA) für ein neues Schulkonzept aufgenommen wurde. Endlich bewegte sich auch die Politik. Seitdem ist PiA ein Exportschlager und unter dem Begriff „Baden-Württemberger Modell“ in aller Munde. Die Gehälter stiegen, eine Wende war in Sicht. Dafür tat sich an anderer Stelle eine Lücke auf: Es gab einfach nicht genug Pädagog:innen auf dem Arbeitsmarkt. In einem leeren Teich fischt es sich schlecht, wie man so schön sagt, und dadurch ließ die Qualität der Bewerbungen zunehmend nach. Und es sah nicht danach aus, dass sich daran in naher Zukunft etwas ändern würde. Also mussten wir auch dieses Thema selbst in die Hand nehmen. Im Team diskutierten wir Ideen und Strategien, Stärken und Schwächen für ein neues Ausbildungskonzept und gründeten schließlich ambitioniert unsere erste eigene Qualifizierung für Quereinsteigeri:nnen mit der Möglichkeit, eine Schulfremdenprüfung zu absolvieren. Damit gelang es uns immer besser, auch Männer in unsere Kitas zu bekommen. Sogar für die große COVID-19-Krise waren wir damit gut gerüstet. ✦

Natürlich kann man Qualität messen!

Ich hörte es immer wieder, fast wie ein Mantra: „Die Qualität einer Kita kann man nicht messen." Warum denn nicht? Wie sollen sich Kitas verbessern, wenn sie nicht bereit sind, sich hinterfragen zu lassen? Ist es nicht gerechtfertigt, einen Bereich, für den wir bundesweit über 50 Milliarden Steuergelder pro Jahr ausgeben, auf seine Qualität hin zu prüfen? Am besten sogar regelmäßig? Als Betriebswirtin war das für mich eine Selbstverständlichkeit. Gegen viele Widerstände setzte ich mich mit verschiedenen Fachleuten zusammen, stellte eine unabhängige Finanzierung sicher und ließ eine Bewertungsplattform programmieren: Das Internetportal www.topkita.de, auf dem Eltern, Angestellte und externe Prüfende, sogenannte Auditor:innen, Kitas bewerten können. Dieses Qualitätsmanagement ist mittlerweile zu unserem Markenzeichen geworden. Tatsächlich stehen wir auf so stabilen Füßen, dass wir selbst in den Corona-Jahren niemanden entlassen mussten. Noch nicht einmal Gehaltseinbußen gab es bei unseren Beschäftigten. Wir haben es geschafft, dass die professionelle Kinderbetreuung ein sicherer Job geworden ist. Und wir sorgen selbst dafür, dass es ausreichend Nachwuchs gibt: Mittlerweile haben wir schon drei Fachschulen für Erzieher:innen und sogar eine für Jugend- und Heimerzieher:innen gegründet. Unser Qualitätsmanagement sowie eine unternehmensweite Steuerung sind überall etabliert, und wir sind enorm gewachsen: In unserer gesamten Unternehmensgruppe sind mehr als 1.100 Personen beschäftigt, und wir betreuen etwa 4.000 Kinder. Doch haben wir genug Frauen in Führungspositionen? ✦

Ich verstehe mich als Patriarchin – im guten Sinne

„Ich wollte schon als Kind Chefin werden."

Ja, ich bin eine Verfechterin der Frauenquote, auch wenn ich mir vieles dazu anhören musste. Doch ich habe erlebt, wie wichtig eine Frauenquote für Führungspositionen ist. Wenn ich mich mit der Geschäftsleitung anderer Unternehmen treffe, sitzen dort meist nur Männer in den Führungsetagen. Indem wir einfach nur abwarten und die Zeit walten lassen, wird sich daran auch nichts ändern. Ich habe mich daher gefragt: Was brauchen Frauen im Management? Natürlich durften wichtige Sitzungen nicht erst um 17 Uhr beginnen, es musste die Möglichkeit der Teilzeitarbeit auch in Führungspositionen geben, und wir mussten junge Frauen fördern und fordern. Nur mit solchen Rahmenbedingungen ließe sich etwas verändern. Und wir haben es geschafft – mit einer Ausnahme. In der Managementebene des Gesamtunternehmens liegt der Frauenanteil heute bei 80 Prozent, außer in der IT. Das ist immer noch eine absolute Männerdomäne, trotz all meiner Bemühungen. Manchmal würde ich mir von den Frauen auch wünschen, dass sie nicht im entscheidenden Moment einen Schritt zurück machen. Etwas mehr Mumm und Entschlossenheit würden uns guttun. Aber, wenn ich auf das zurückblicke, was ich aufgebaut habe, kann ich guten Gewissens den Stab an meinen Nachfolger weitergeben. Bei ihm weiß ich alles in guten Händen. ✦

Warum ich stolz auf meinen Nachfolger bin

Er ist seit zehn Jahren im Unternehmen, hat selbst vier Kinder, und wir arbeiten sehr gut zusammen. Es gibt so gut wie keine Konflikte, wir stimmen uns ab, hören dem anderen zu und finden dann einen Konsens. Mein Sohn wird meine Nachfolge antreten. Aber auf einen Schlag aufhören, das kommt für mich nicht in Frage! Ich werde mich Schritt für Schritt zurückziehen, denn langsam spüre ich, dass ich nicht mehr wie früher eine ganze Nacht durcharbeiten kann und vor allem will. Umso mehr freue ich mich, bald mehr Freizeit zu haben. „Lass uns gemeinsam Europa erkunden", hat mein Mann vorgeschlagen, und wir haben einen Wohnwagen gekauft. Vorläufig hat uns Corona einen Strich durch die Rechnung gemacht, aber aufgeschoben ist nicht aufgehoben. Umso mehr freue ich mich, dass wir die Zeit endlich wieder mit unseren Enkelkindern genießen können. Vor allem, weil mir meine zehnjährige Enkelin vor Kurzem gesagt hat: „Oma, ich will auch mal Chefin werden!" ✦

Steckbrief

Waltraud Weegmann

Unternehmen:	Konzept-e für Bildung und Soziales GmbH
Geburtsjahr:	1956
Kinder:	2 Söhne
Gründung:	1981: Mitbegründerin einer privaten Kindertagesstätte in Stuttgart; 1988: Gründung der Konzept Gesellschaft für Unternehmensberatung mbH und später Konzept-e; 1991: Aufbau und Geschäftsführung des Kind e.V. Stuttgart; 2003: Gründung und Geschäftsführung des Kind und Beruf e.V.
Branche:	Bildung und Betreuung
Anzahl Beschäftigter:	etwa 1.000 über alle GmbHs und Träger
Uni-Abschluss:	Diplomstudiengang Wirtschaftswissenschaften (Uni Hohenheim)
Homepage:	www.konzept-e.de

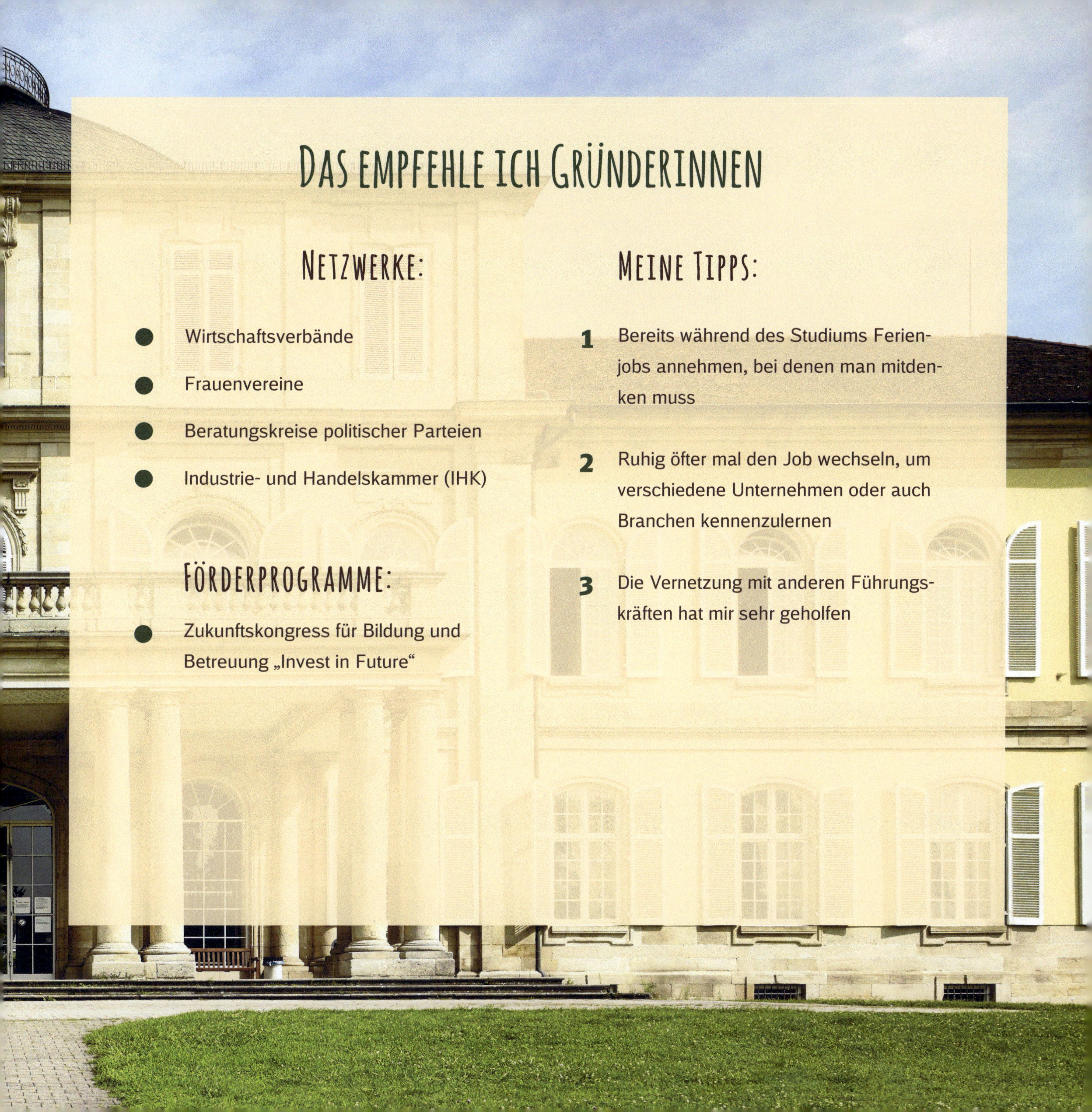

Das empfehle ich Gründerinnen

Netzwerke:

- Wirtschaftsverbände
- Frauenvereine
- Beratungskreise politischer Parteien
- Industrie- und Handelskammer (IHK)

Förderprogramme:

- Zukunftskongress für Bildung und Betreuung „Invest in Future“

Meine Tipps:

1. Bereits während des Studiums Ferienjobs annehmen, bei denen man mitdenken muss
2. Ruhig öfter mal den Job wechseln, um verschiedene Unternehmen oder auch Branchen kennenzulernen
3. Die Vernetzung mit anderen Führungskräften hat mir sehr geholfen

Den Stoffwechsel von Vierbeinern im Blick

Es war meine Tochter, die mich zur Unternehmerin machte

Dr. Gabriele Alber –
navalis®nutraceuticals GmbH

Film über navalis® nutraceuticals GmbH anschauen

„Lasst eure Männer Verantwortung für die Kinder übernehmen."

Gabriele Alber hat eine steile Karriere hingelegt: Schule, eine Lehre in Rekordzeit, Studium der Agrarwissenschaften, Promotion, Angestelltenjob in einem mittelständischen Unternehmen. Doch als sie schwanger wurde, fand sie sich auf einmal auf dem Abstellgleis wieder. Aufgeben kam für sie aber nie in Frage – schließlich ist sie mit vier Brüdern groß geworden und hat früh gelernt, sich durchzubeißen. Das half ihr, den Sprung ins kalte Wasser zu wagen. In der Elternzeit machte sie sich selbstständig mit dem Thema, für das sie seit ihrer Jugend brennt: der gesunden Tierernährung. Seitdem hilft sie mit ihrem selbst entwickelten Nutraceuticals aus der firmeneigenen Manufaktur von navalis®nutraceuticals dem Stoffwechsel von Vierbeinern auf die Sprünge.

Warum es ein Glück war, mit vier Brüdern aufzuwachsen

Wenn heute Ingrid Klimke beim Vielseitigkeitsreiten über Hindernisse springt, ist das durchaus atemberaubend. Aber genauso normal wie motorradfahrende Frauen. Das war nicht immer so. Wenn meine Brüder mich triezen wollten, forderten sie mich zu einer Mutprobe heraus: mit dem Pferd über einen Graben springen etwa. Ich habe nie gezögert, es ihnen gleichzutun. Ich wollte schließlich dabei sein, wenn sie ausritten. Genauso wie bei ihren Motorradtouren. Wir sausten die Schwäbische Alb hinauf und herab und sprangen mit unseren Pferden über jedes Hindernis. Meine ganze Kindheit und Jugend habe ich mich ausprobiert und ausgelotet: Wie gut bin ich? Was traue ich mir zu? Das hat mich sicherlich geprägt. Genauso wie all die Tiere, mit denen ich aufgewachsen bin. Bei uns ging es fast zu wie auf einem Bauernhof. Wir hatten Katzen, Hühner, Tauben, Vögel und Hasen. Mit 13 Jahren erfüllten mir meine Eltern meinen größten Traum: eigene Pferde! Mein Papa baute einen Stall, und wir Kinder waren fortan für ihre Versorgung zuständig. Schon damals habe ich mich gefragt: Warum ist dieses Pferd jetzt so dick geworden und das andere nicht? Welche Rolle spielt die Ernährung? Mit 15 Jahren habe ich dann begonnen, individuelle Ernährungskonzepte für unsere Pferde zu entwickeln – vom Kaltblut bis zum Pony war alles dabei. Das hat mir sehr viel Spaß gemacht. Aber ich hätte nie geahnt, dass daraus einmal mein eigenes Unternehmen werden würde. ✦

Wie mir meine Neugier geholfen hat

Ob es ein Unternehmertum-Gen gibt, weiß ich nicht. Aber neben Entschlossenheit und Risikobereitschaft hat mir ganz sicher geholfen, dass meine Eltern eine Firma hatten. Bei uns ging es schon am Mittagstisch ums Geschäft. „Kannst du noch diese Briefe einwerfen?“, fragte mich mein Vater beim Essen. Da war ich 13 Jahre alt. Während er zwischen Betonmischern und Kränen stand, erledigte meine Mutter die Bankgeschäfte, das Organisatorische und wuppte nebenbei eine Familie mit fünf Kindern. Das hat mich schon damals sehr beeindruckt. Für mich war daher immer klar, dass ich niemals nur Hausfrau sein wollte. Dazu bin ich auch viel zu neugierig. Schon als Teenagerin habe ich mich nicht nur für Landwirtschaft interessiert, sondern auch für Medizin und Ernährung – und eben die Tiere. Doch meine Eltern hatten nach der Schule auf eine kaufmännische Lehre bestanden. Sie war so langweilig, dass ich sie in Rekordzeit durchgezogen und abgeschlossen habe. Danach konnte ich mich endlich meiner größten Passion zuwenden: der Liebe zu den Tieren. Sie ist meine Triebfeder, mein Wegweiser. Sie hat mich angespornt, zusätzlich zu meinem Studium der Agrarwissenschaften an der Uni Hohenheim noch Vorlesungen in Tiermedizin an der Uni München und Biochemie an der Uni Tübingen zu hören. Das war stressig, aber ich wollte die Zusammenhänge verstehen. Wie sehr mir das später helfen sollte, ahnte ich damals nicht. Nach dem Studium ergatterte ich einen der wenigen Arbeitsplätze in der Futtermittelindustrie. Agrarwissenschaften waren damals ein Trendstudium, und wir kämpften wie die Löwen um die dünn gesäten Stellen. Mir gefiel es, Rezepte für Futtermittel auszutüfteln und weiterzuentwickeln, wie ich es schon bei unseren eigenen Pferden getan hatte. Doch auf einmal hatte ich in dieser Firma als Angestellte keine Zukunft mehr. ✦

Ein weitreichender Entschluss

Seine Antwort traf mich unvorbereitet. Für meinen Chef war meine Nachricht kein Anlass zur Freude. Im Gegenteil. Als er erfuhr, dass ich schwanger war, wurde ich in ein kleines Büro versetzt, fast schon ein Kämmerlein. Die Botschaft war klar: Frauen mit Kindern sind hier nicht erwünscht. Wie sollte es nun weitergehen? War das Studium ganz umsonst gewesen? Erst einmal ging ich in Elternzeit, und währenddessen reifte in mir ein Entschluss: Ich wollte nicht in einer Sackgasse enden, sondern den Sprung ins kalte Wasser wagen. So gründete ich 1998 mein eigenes Unternehmen navalis®nutraceuticals. Mein Thema war etwas, das in Amerika längst Furore machte, in Deutschland aber kaum jemand kannte. „Nutraceutical? Was ist das denn?", wurde ich oft gefragt. In der Tierernährung gibt es Futtermittel und Medikamente. Nutraceuticals gelten rechtlich als Tierfutter, können aber mehr. Wir reichern unsere Produkte etwa mit pflanzlichen Wirkstoffen aus der Teufelskralle statt mit Pferdefutter an. Das ist eine afrikanische Pflanzenart aus der Familie der Sesamgewächse. Sie wird in Namibia, Simbabwe und Südafrika als Heilpflanze verwendet. Ihre Inhaltsstoffe können bei Pferden Arthrose oder Gelenkprobleme mildern. Oft verbirgt sich hinter typischen Pferdekrankheiten ein Nährstoffmangel. So sorgen Nutraceuticals mit ihren Inhaltsstoffen dafür, dass es Tieren besser geht – aber ohne Chemie und ohne die Nebenwirkungen von Medikamenten. Mit dieser Idee war ich in meinem Wohnzimmer gestartet, bis ich die Chance bekam, mit 20 anderen Existenzgründerinnen in ein neu geschaffenes Gründerzentrum zu ziehen. Damals ein Pilotprojekt und eines der ersten seiner Art in Deutschland. Ich teilte mir Büro, Drucker, Besprechungszimmer und eine Kaffeemaschine mit den anderen Frauen, und wir starteten voller Euphorie in unsere Gründungen. Die Anfangszeit war aber längst nicht die größte Hürde, die ich zu überwinden hatte. ✦

„Mach das, wofür du brennst – ohne Leidenschaft wirst du nicht glücklich."

Typisch Mann, typisch Frau?

Was habe ich mich manchmal als Exotin gefühlt! Bei Verhandlungen gab es kein Pardon, und ich musste lernen, mich durchzusetzen und die Führung zu übernehmen. Die Veterinärbranche war damals eine Männerwelt. Anfangs bin ich als Firmenchefin gegen Geschlechterrollen angelaufen. Ich habe auch erlebt, dass Männer oft mit mehr Kapital in eine Gründung gestartet sind und mehr riskierten. Wenn sie scheitern, tut das finanziell richtig weh. Aber wenn sie es schaffen, kommen sie viel schneller voran. Ich habe immer nur das Geld ausgegeben, das ich verdient habe. Deswegen habe ich länger gebraucht, bis meine Firma sich etabliert hatte. Das sind Dinge, über die man stolpern kann. Der Vertrieb war nie meine Stärke. Das geht anderen Frauen offenbar ähnlich. Natürlich gibt es Ausnahmen, aber meine Mitarbeiterinnen haben beispielsweise nie gerne fern von zu Hause übernachtet. Bei Männern ist das anders. Manche Außendienstler sind wie Spürhunde, die auf der Jagd eine Fährte aufgenommen haben. Vielleicht liegt das an unserer Erziehung, wer weiß. Dafür hatte ich bei der Entwicklung von Nutraceuticals und in der Produktion immer ein super Bauchgefühl. Aber es braucht auch viel Fachwissen und noch einiges mehr, um als Unternehmerin zu bestehen. Verzicht gehört genauso dazu wie Energie, Durchsetzungsvermögen, Kritikfähigkeit und Selbstwertgefühl. Selbst mit meinem Vorwissen und der Prägung aus dem Elternhaus war es kein Zuckerschlecken. Von den Gründerinnen, mit denen ich gemeinsam gestartet war, blieb am Ende nur eine andere Frau übrig. Nicht etwa, weil die anderen keine guten Ideen hatten. Der Weg war

steinig, sehr steinig. Ich hatte niemanden, der mich protegierte, mir Tipps gab oder als Business Angel finanziell zur Seite stand. Ich hatte kaum Kontakte in der Branche. Und ich hatte keine Lieferanten. Deswegen war es so wichtig, dass ich für meine Sache wirklich gebrannt habe. Diese Energie habe ich gebraucht, wenn es zäh wurde. ✦

Von Spielecken und Hundekörben

„Was, du gibst dein Kind einfach ab?" Solche Sprüche habe ich oft gehört. Meist von anderen Müttern. Dabei war meine Tochter ja nicht allein – mein Mann hat auf sie aufgepasst, wenn ich auf Messen gefahren bin. Wir haben uns die Betreuung geteilt: Er hat seine Arbeit auf dreieinhalb Tage reduziert und ich hatte anderthalb Tage für meine Termine. Die restliche Zeit habe ich aus dem Homeoffice gearbeitet. Das Schöne war: So hat meine Tochter ihren Vater richtig kennengelernt. Trotzdem wurde mir immer wieder ein schlechtes Gewissen gemacht. Dabei habe ich mich oft gefragt: Wie fühlt es sich an, wenn Eltern tagein, tagaus aus dem Haus gehen und ihre Kinder zurücklassen? Kein Wunder, dass viele Kinder ein negatives Bild von Arbeit haben. Das wollte ich bei meiner Tochter anders machen und band sie von Anfang an in meine Arbeit ein. Bereits im Kindergarten konnte sie das Wort Desoxyribonukleinsäure, also DNS, aussprechen. Und sie wusste, was Selen und Zink sind. Als meine Firma wuchs und ich erste Mitarbeiterinnen einstellen konnte, suchte ich mir eigene Räumlichkeiten und richtete im Büro eine Spielecke ein. Meine Tochter brachte ich oft mit in die Firma, genauso wie meine Mitarbeiterinnen ihre Kinder. Mittlerweile ist die Spielecke verwaist, weil der Nachwuchs längst groß geworden ist. Dafür stehen in fast jedem Raum Hundekörbchen. Hunde sind bei uns genauso willkommen wie Kinder. Leider sehe ich, dass junge Frauen oft in alte Rollenbilder zurückfallen, sobald sie schwanger werden. Für viele Mütter ist es immer noch selbstverständlich, dass sie ganz zu Hause bleiben, während die Väter voll weiterarbeiten. Dabei ist mit über 40 ein Wiedereinstieg oft sehr schwierig. Ich habe etliche Male erlebt, dass Hausfrauen in ein großes Loch gefallen sind, als die Kinder auszogen. Dabei hatten sie noch ihr halbes Leben vor sich! Wann wird es üblich, dass Männer die Hälfte der Elternzeit nehmen? Und Kinder Zeit mit ihren Vätern verbringen? Dazu können wir als Unternehmerinnen beitragen, indem wir die richtigen Rahmenbedingungen schaffen. ✦

Was ich Gründerinnen mit auf den Weg geben möchte

Ja, Gründen ist haarig. Es kann sehr herausfordernd und anstrengend sein. Und man braucht einen langen Atem und muss auch Rückschläge einstecken. Aber es lohnt sich. Es gibt kaum etwas Befriedigenderes, wenn aus einer Idee etwas Reales, Fassbares wird.
Ich habe meine Rolle gefunden, und wir haben zu vielen Tierärzt:innen über die Jahre ein Vertrauensverhältnis aufgebaut. Einmal hat uns sogar der deutsch-französische Fernsehsender ARTE nach Afrika begleitet, um eine Dokumentation über die Teufelskralle zu drehen. Das war eine schöne Erfahrung. Und eine Bestätigung dafür, dass unser Weg richtig ist, bewusst auf Chemie zu verzichten und stattdessen auf biologische Rohstoffe zu setzen. Auch wenn uns das jeden Tag auf vielfältige Weise herausfordert.

In den vergangenen Jahren ist die Digitalisierung hinzugekommen. Das erschließt neue Vertriebskanäle, stellt uns aber auch vor neue Aufgaben. Der Wettbewerb ist deutlich härter geworden und der Markt insgesamt schnelllebiger. Deshalb muss ich mich als Unternehmerin ständig neu justieren und reflektieren. Dabei treibt mich meine Vision an: jeden Tag dafür zu kämpfen, dass es unseren Tieren gut geht. Und zwar nicht nur unseren Haustieren, sondern auch den Nutztieren in der Landwirtschaft. Das ist noch ein Traum, den ich habe. Genauso wie eines Tages einen eigenen Pferdebetrieb aufzubauen. Und ich bin sicher, dass es da draußen viele Frauen mit tollen Ideen gibt. Seid mutig, seid selbstbewusst, seid neugierig, hört auf euer Bauchgefühl und – macht euer Ding! ✦

„Jede Frau sollte eine gute Ausbildung haben und für sich selbst sorgen können.“

STECKBRIEF

Dr. Gabriele Alber

Unternehmen:	navalis®nutraceuticals GmbH
Kinder:	1 Tochter
Gründung:	1998 als Einzelunternehmen, 2002 als GmbH
Branche:	Futtermittel / Pharmabranche
Anzahl Beschäftigter:	20–25 (einige in Mutterschutz)
Uni-Abschluss:	Diplomstudiengang Agrarwissenschaften (Uni Hohenheim) Promotion Dr. sc. agr. (Uni Hohenheim)
Homepage:	www.navalis-vet.de

Das empfehle ich Gründerinnen

Meine Tipps:

1 Infos, Infos, Infos. Man kann nie alles wissen. Aber man kann sich Fachwissen holen. Nutzt dazu alle Kanäle, von der Gründerberatung über Förderprogramme, Messen bis hin zu Fachleuten für Steuerberatung usw., aber auch über die Familie sowie den Freundes- und Bekanntenkreis. Bei den letzten drei ganz wichtig: ehrliches Feedback.

2 Losgehen. Gute und gründliche Planung ist wichtig. Aber man muss dann auch loslegen, einfach gehen. Laufen, Springen und Hüpfen lernt ihr unterwegs.

3 Setzt euch eine Deadline, bis wann sich eure Firma etabliert haben muss. Wenn es nach einer bestimmten Zeit nicht geklappt hat, hat es keinen Sinn, weiter Zeit, Geld und Nerven in die Firma zu stecken. Fünf Jahre ist aus meiner Sicht das Maximum für die Deadline.

Von den Immobilienhaien zur Wirtschaftsethik

So mache ich die Welt ein Stückchen besser

Dr. Judith Blickle – S.H.A.R.E.
(Stiftung für Mikrofinanz, Fairen Handel und Friedensförderung e.V.)
und Social.Urban.Nature GmbH

„Echte Vorbilder sind Menschen, die authentisch und absolut ehrlich sind, nicht im Opferdenken verweilen, sondern den Mut aufbringen, Neues zu wagen und an sich zu glauben!“

Welchen Weg soll ich einschlagen? Das fragte sich Judith Blickle schon nach dem Abitur und studierte etwas, das man immer brauchen kann: Betriebswirtschaft. Doch als sie für ihre Abschlussarbeit unter lauter Männern in schwarzen Anzügen saß, die nur darauf brannten, einen noch besseren Deal auf Kosten anderer abzuschließen, wusste sie, dass Investmentfonds nicht ihre Welt waren. Wo blieben Menschlichkeit und Moral? So absolvierte Judith Blickle nach ihrem Diplom eine weitere Ausbildung an einer Hochschule und widmete sich einem Thema, das damals kaum jemand kannte: CSR – Corporate Social Responsibility.

Und je mehr sich Judith Blickle mit der Verantwortung von Unternehmen beschäftigte, desto stärker wurde ihr Wunsch, an positiven Beispielen zu zeigen, dass soziale Gerechtigkeit und Wirtschaftlichkeit keine Gegensätze sind. So wurde sie Mitgründerin der gemeinnützigen Organisation S.H.A.R.E. Seitdem hilft sie Frauen in Afrika, mit Mikrokrediten ihr eigenes Kleinunternehmen aufzubauen. Wenn da nicht immer wieder eine Grenze gewesen wäre, an die der gemeinnützige Verein stieß. Bis Judith Blickle beschloss, noch ein zweites Mal zu gründen – die Social.Urban.Nature GmbH. Damit wollte sie ihren Traum von der sozialen Wirtschaft endlich Wirklichkeit werden lassen. ✦

Von Checkpoints, Grenzwachen und der Hamas

„Was? Wie könnt ihr mit euren Kindern nur dorthin reisen?", hatte meine Oma entrüstet gefragt. In ein kriegsgebeuteltes Krisengebiet, wie sie betonte. Denn meine Eltern nahmen meine Geschwister und mich schon früh mit nach Israel und Palästina. Beide hatten ein unerschütterliches Urvertrauen und waren tief in ihrem Glauben verwurzelt.
Nichts konnte sie schrecken, und so machte auch ich mir keine Sorgen – bis zu diesem Nachmittag, der nichts für schwache Nerven werden sollte. Ich lief gerade mit meiner Mutter eine Straße in Ramallah (Palästina) entlang, auf dem Weg zu dem Kinderheim, in dem sie als junge Frau gearbeitet hatte. Wie aus heiterem Himmel hörte ich auf einmal laute Maschinengewehrschüsse, die schnell näherkamen. Ich erschrak, und plötzlich stand ein kleines, vielleicht sechsjähriges Mädchen mit schwarzen Haaren neben uns und zog uns kurzerhand in einen Hinterhof hinein. Nur wenig später donnerten auf der Straße drei verstaubte Pickups vorbei, auf deren Ladefläche mehrere schwerbewaffnete Männer mit weiß-grünen Hamas-Kopftüchern standen und in die Luft ballerten. „Wie kannst du nur so ruhig bleiben?", fragte ich unsere kleine Retterin. Doch sie lächelte nur, denn für sie gehörten solche Erlebnisse zum Alltag. So lernte ich die Stadt kennen, in der meine Mutter sich in meinen Vater verliebt hatte. Während er im Auftrag des Weltfriedensdienstes ein Textilunternehmen aufbaute, hatte sie Freiwilligenarbeit geleistet. Schnell hatte es gefunkt, und bald war meine Mutter, eine Schweizerin, zu meinem Vater nach Deutschland gezogen. Mein älterer Bruder, meine zwei jüngeren Schwestern und ich wuchsen in Balingen auf der Schwäbischen Alb auf. Doch seit ich in Ramallah und den umliegenden Dörfern gewesen war, ging mir das palästinensische Volk und sein Schicksal nicht mehr aus dem Kopf. Wie Tiere waren sie durch die Checkpoints getrieben worden. Wie konnte man Menschen, vor allem Kinder, so behandeln? Ohne einen Funken Respekt! Von Gerechtigkeit ganz zu Schweigen. Mich haben diese frühen Reisen sehr geprägt und sie sollten meinen ganzen Werdegang beeinflussen – doch erst einmal lief ich in die völlig falsche Richtung. ✦

Das darf doch nicht wahr sein! Warum ich der Finanzwelt den Rücken kehrte

Es traf mich wie ein Schlag ins Gesicht. Die Erkenntnis, wie falsch ich hier war. Ohne recht zu wissen, was ich später einmal machen wollte, hatte ich mich für Betriebswirtschaft eingeschrieben. Vielleicht würde ich einmal das Immobiliengeschäft meines Vaters übernehmen und dafür wollte ich eine solide Grundlage haben. Unternehmerin zu werden konnte ich mir gut vorstellen – es lag mir irgendwie im Blut. Bereits meine Oma hatte nach dem sehr frühen Tod meines Opas die gemeinsam gegründete Firma übernommen, obwohl das für eine Frau mehr als unüblich war und sie fünf Kinder hatte. Während sich ihre Schwestern um die Kleinen kümmerten, wurde meine Oma zur Chefin. Mich nahm sie später oft mit, und ich liebte es, als Kind am Abend über die leeren Flure der Firma zu flitzen. Denn eines merkte ich schnell: Meine Oma war meist die Erste, die kam, und die Letzte, die abends nach Hause ging. Kein Wunder, dass es bei uns am Mittagstisch oft um das Thema „Geschäft" ging – schließlich war auch mein Vater Unternehmer. Und ich? In welchem Bereich konnte ich meinen eigenen Weg gehen? Immobilien waren das Erste, was mir einfiel, um in die Fußstapfen meines Vaters zu treten. So landete ich für meine Diplomarbeit in einer Londoner Investmentfirma. Ehe ich mich versah, saß ich morgens um acht Uhr in Meetings, umgeben von Männern in schwarzen Anzügen, die alle nur ein Ziel vor Augen hatten: den besten Deal ihres Lebens abzuschließen und jemand anderen in die Pfanne zu hauen. Herrje, wo war ich da nur gelandet? Das war so gar nicht meine Welt! Wo blieben Fairness und Humanität? Werte, die meine Eltern mir auf meinem Weg mitgegeben hatten. Auf einmal wurde mir klar, dass ich hier nicht länger bleiben wollte. Mich interessierte, gemeinsam etwas aufzubauen, und nicht, wie ich mein Gegenüber am besten übers Ohr haue. Aber was sollte ich nun mit meinem BWL- Studium anfangen? War alles umsonst? Da führte mich eine glückliche Fügung schließlich auf einen ganz neuen Weg und zu einem Thema, von dem damals kaum jemand gehört hatte. ✦

Halt mal kurz meine Kaffeetasse, ich habe da eine Idee

„Geht das denn überhaupt?", fragte ich Prof. Dr. Bernd Banke von der ESB Business School in Reutlingen. Promovieren konnte man doch nur an einer Universität. Er hatte vorgeschlagen, an meiner Masterthesis eine Promotion anzuschließen. Sofort war ich Feuer und Flamme, denn es war zu verlockend, dem Thema „Corporate Social Responsibility" noch weiter auf den Grund zu gehen. In Deutschland war dies ein ganz neues und innovatives Thema. Aber konnte ich von einer Hochschule an eine Universität wechseln? Ich hatte Glück. Die Hochschule für Wirtschaft und Umwelt Nürtingen-Geislingen und die Uni Hohenheim bauten gerade eine Kooperation auf. So durfte ich mit meinem Master-Abschluss, gezielten Prüfungen, Doktorandenseminaren und einem abschließenden Rigorosum meine Doktorarbeit am Lehrstuhl für Katholische Theologie und Wirtschaftsethik in Hohenheim schreiben. Gleich zu Beginn sagte mir mein Doktorvater Prof. Dr. Michael Schramm etwas sehr Bemerkenswertes: „Ethik ist eine Frage des Tuns. Es bringt nichts, wenn wir an unseren Lehrstühlen nur über Ethik reden, Sie müssen rausgehen und umsetzen!" Auffordernd zog er die Augenbrauen hoch, und ich nickte erfreut – das war genau mein Ding. Ich liebe pragmatische Ansätze! Wir wurden zu einem guten Gespann: Er ließ mir trotz wissenschaftlicher Tiefe immer auch die nötige Freiheit im Denken, Schreiben und Umsetzen, und ich diskutierte intensiv mit ihm und nahm seine Impulse mit nach Hause. Dort diskutierte ich weiter mit meiner Familie, dem Freundeskreis und Verwandten. Bis es passierte: Auf einer langen Autofahrt mit meinen Eltern brüteten wir eine Idee aus, um die Welt zu verändern. Denn wir waren uns sicher: Die Entwicklungshilfe in ihrer damaligen Form schaffte nur immer neue Abhängigkeiten. Wenn wir wirklich etwas verändern wollten, brauchen wir einen funktionierenden Mittelstand. Unsere Idee: sozial benachteiligte Menschen mit Mikrokrediten und Schulungen zu Unternehmer:innen ausbilden. Sollten wir es wagen? Wir taten es! So gründeten wir mit einer eng befreundeten Familie aus der Schweiz im Jahr 2012 die gemeinnützige Organisation S.H.A.R.E. Der Name verkörperte unsere Philosophie: „Self Help", „Activation", „Responsibility" und „Empowerment" – unser Weg zu mehr sozialer Gerechtigkeit im globalen Maßstab. Wir traten an, um denen eine Chance zu geben, die bei Banken und Investor:innen nicht als kreditwürdig galten. Doch wir ahnten nicht, dass unser Thema nur drei Jahre später eine ganz neue Brisanz bekommen würde. ✦

Wir wollten keine Mutter Theresa sein, aber trotzdem die Regeln ändern

Mein Fernseher lief im August 2015 oft bis spät in die Nacht. Es ging um nichts anderes mehr, Deutschland war im Krisenmodus. Krise? Pah! Das Wort mag ich überhaupt nicht. Doch es gab überall nur noch dieselben Bilder: Tausende von Flüchtlingen, die sich in Zügen drängten und versuchten, über die Grenze zu uns zu gelangen. Währenddessen baute der ungarische Ministerpräsident Viktor Orbán fleißig seinen Grenzzaun, und ich musste wieder an die Erlebnisse in Palästina denken. Sollten nun auch bei uns Menschen wie Vieh behandelt werden? Dabei gab es viele hochtrabende Worte. „Wir müssen etwas vor Ort tun", hieß es immer wieder. „Und die Ursachen bekämpfen." Aber wer tat wirklich etwas? Wir! Seit Jahren waren wir in afrikanischen Ländern aktiv, doch nun interessierte sich auf einmal auch die Politik für unsere Arbeit. Unser Ansatz war ein anderer als derjenige, der bis dato in sogenannten Eine-Welt-Läden proklamiert wurde. Oft haben wir uns gefragt, warum diese Produkte nicht schöner aussehen können? Ich bin eine Ästhetin, und viele der selbst bemalten Elefanten, bunt geflochtenen Körbe oder Holzfiguren trafen nicht meinen Geschmack. Das wollten wir ändern, indem wir unseren Beschäftigten in der Produktion die Grundlagen von Design näherbrachten. Und von Diversifikation. Denn sie sollten ihre Produkte nicht nur in der westlichen Welt, sondern zunächst auf den heimischen Märkten verkaufen, um die eigene Wirtschaft anzukurbeln. So zumindest lautete unser Plan. Doch die Praxis sah anders aus. In all den Jahren mussten wir sehr viel Lehrgeld bezahlen, vor allem in Ghana. Es tat weh zu sehen, wie von all den Frauen, die wir über einen Zeitraum von zwei Jahren hinweg in den Themen Produktentwicklung, Marketing, Design und Unternehmensaufbau geschult hatten, am Ende nur wenige übrigblieben. Klar, auch in Deutschland scheitern viele Start-ups. Aber es ist etwas anderes mitzuerleben, dass die eigene Saat nicht aufgeht. Vor allem, weil ein Scheitern in Afrika ganz andere Auswirkungen hat. „Ihr müsst euch diversifizieren", sagten wir immer wieder. Was nützt es, wenn jede Frau in einem kleinen Dorf dieselben Stoffe näht und auf den Markt bringt? Dann entsteht viel Konkurrenz, und am Ende hat niemand genug, um die eigene Familie zu versorgen. „Tut euch zusammen", rieten wir. Doch die meisten Frauen hatten viele hungrige Mäuler zu stopfen und mussten schnell Geld verdienen. Diesen oft schwierigen Spagat zwischen Familie und Beruf konnte ich gut nachvollziehen: Im Jahr 2016 kam mein Sohn Aaron zur Welt. In was für einer anderen Gesellschaft er doch aufwuchs. Ganz anders als unsere afrikanischen Frauen, die sich gegen klassische, tiefverwurzelte Rollenbilder behaupten mussten. Immer wenn wir dachten, wir hätten ein Problem gelöst, tauchte an einer anderen Ecke ein neues auf. Entweder mit dem Projektpartner selbst, der nur vorgab, sich für die Frauen zu interessieren, das meiste aber in die eigenen Taschen stecken wollte, oder mit der Kultur und damit verbundenen Mindsets, mit gängigen Glaubenssätzen und zahlreichen Ungerechtigkeiten in den dortigen Gesellschaftssystemen. Manche Ehemänner oder Schwiegermütter drohten unseren Frauen gar mit einem Rausschmiss oder erzählten im Dorf, sie seien schlechte Mütter, weil sie beruflichen Erfolg hatten. Genau das war und ist oft der Knackpunkt. Echte Veränderung wird vom Patriarchat nicht gewollt, da es dessen Machtanspruch systematisch in Frage stellt. Also alles in allem wahrlich nicht einfach, und noch dazu stießen wir auch an einem anderen Punkt immer wieder an eine strategische Grenze. ✦

„Vielleicht wird eine soziale Wirtschaft für unsere Kinder einmal so selbstverständlich sein wie Fahrradfahren. Dafür müssen wir ihnen unsere Welt aber auch im Ganzen zeigen.“

Wie wir fast stecken blieben und trotzdem nicht aufgaben

Es knirschte im Getriebe. Dabei waren unsere Ambitionen hoch. Manchmal wollte ich am liebsten lauthals schreien, obwohl mir eher zum Weinen zumute war. War doch alles aussichtslos? Oder würden wir es irgendwann schaffen? Wir hangelten uns von einem Lichtblick zum nächsten. 2018 begleiteten wir als Beraterinnen eine Delegationsreise der Landesregierung Baden-Württemberg. Auf einmal waren wir mit lauter Firmenchef:innen unterwegs, die in Afrika investieren wollten. Natürlich war uns klar, dass die meisten den Kontinent als reinen Absatzmarkt sahen, aber es war eine Chance. Leider blieben am Ende nichts als Lippenbekenntnisse übrig – wie so oft. Dabei waren wir so weit gekommen. Unsere Frauen produzierten schöne und sinnvoll aufeinander abgestimmte Produkte aus traditionellen Rohstoffen und hatten gelernt, dem Design-An-

Nana S. Boahene

spruch der westlichen Welt gerecht zu werden. Doch sie fanden keine Kundschaft. Wie gerne hätten wir ihnen alles abgekauft. Aber das untersagte uns die Gemeinnützigkeit unseres Vereins. Was also konnten wir tun? Unsere Frauen einfach hängen lassen, nach allem, was sie erreicht hatten? Das kam gar nicht in Frage! Also beschloss ich, das Ganze selbst in die Hand zu nehmen – mit einem eigenen Unternehmen. Ich gründete 2019 die Social.Urban.Nature GmbH, die als Zwischenhändlerin agieren konnte und die ghanaischen Produkte auf dem europäischen Markt weiterverkaufen sollte. Ich war guten Mutes, denn durch eine schicksalshafte Fügung hatte ich Nana kennengelernt. Ihr Vater stammt aus Ghana, doch sie selbst ist in Stuttgart geboren und aufgewachsen – eine Frau beider Welten. Sie hatte Textildesign studiert und selbst schon ein soziales Projekt in Ghana initiiert und umgesetzt. Doch gerade als wir mit der Firma durchstarten wollten, kam

etwas – zu diesem Zeitpunkt – Unerwartetes dazwischen: Ich wurde mit meinem zweiten Kind schwanger. So musste ich mich kurz nach unserer Gründung zunächst aus der operativen Geschäftsführung zurückzuziehen. Nana sollte zu einer nächsten Afrika-Reise aufbrechen, um vor Ort neue Kontakte zu knüpfen. Doch auch daraus wurde nichts – COVID-19 kam uns in die Quere.

Wieder ein Rückschlag. Alles von hier aus aufzubauen, war kaum möglich. Umso enttäuschter waren wir, als die nächste Lieferung unserer Frauen eintraf. Ach herrje, trotz allem, was wir gepredigt hatten, hielt sie den hiesigen Qualitätsansprüchen nicht stand. Sollten wir sie zurückschicken, jetzt, da wir als Unternehmerinnen agierten? Nein, das brachten wir nicht übers Herz. Denn wir wussten: In Ghana würden dann ganze Familien ohne Essen dastehen und Kinder nicht mehr zur Schule gehen können. Seit China den lokalen Markt mit Billigprodukten überschwemmte, konnten unsere Frauen dort nichts mehr verkaufen. Hatten sie denn gar keine Chance mehr? ✦

So wies mir Nelson Mandela mit seinen Worten den Weg

Eines würde ich nicht tun: Nackt auf der Straße tanzen. So eine Feministin bin ich nicht, aber ich kämpfe absolut für die Idee der Geschlechtergerechtigkeit. Oft sehe ich: Wir sind noch längst nicht am Ziel, gerade in der Berufswelt. Als ich damals studiert habe, mussten wir Frauen uns immer ein Stück weit mehr beweisen und ich hatte keinerlei weibliche Vorbilder. Wie oft werden wir auch heute noch nur auf unser Äußeres reduziert? Von unterschiedlichen Gehältern bei gleichen oder besseren Referenzen ganz zu schweigen. Natürlich verändert sich dieses Bewusstsein bei uns langsam. Und das ist auch gut so. In Afrika hingegen ist ein überbordendes Patriarchat noch an der Tagesordnung. Ehrlich gesagt habe ich das anfangs stark unterschätzt. Erst vor Ort habe ich gemerkt, wie wenig die Frauen wirklich zu sagen haben. Oftmals ist es gar nicht gewollt, dass sich etwas ändert. Kein Mann möchte an seinem Stuhl sägen. Wir haben Kreditnehmerinnen, die überlegen, sich scheiden zu lassen, weil sie sonst nicht erfolgreich sein können, sondern geächtet werden. Dabei weiß ich nur zu gut, dass es auch in Europa für Frauen lange nicht einfach war – meine Mutter durfte als Schweizerin in ihrer Heimat erst seit 1971 wählen. Das ist noch nicht lange her. Zudem sitzen bis heute fast ausschließlich Männer in wichtigen Gremien – sieht man doch mal eine Frau, hat sie bestimmt einen Doktortitel. So ist das noch. Leider. Sonst gäbe es ja keine Diskussionen um Frauenquoten. Doch immer, wenn ich diese Ungerechtigkeit vor Augen habe, muss ich an die Worte von Nelson Mandela denken: „I never lose, I either win or learn.“ Das ist ein wichtiger Appell: Wir Frauen sollten uns mehr Fehler zugestehen und uns gegenseitig unterstützen. Denn auch wenn es sich abgedroschen anhört, folgt aus Rückschlägen oft das größte Wachstum. Es ist schön zu sehen, dass zahlreiche Initiativen und soziale Unternehmen gegründet werden, oftmals von Frauen angetrieben. Denken wir ganzheitlicher? Wir haben es in der Hand, etwas zu verändern und nicht in der Opferrolle zu verweilen, sondern an uns und unsere weiblichen Fähigkeiten zu glauben. Für die großen Herausforderungen unserer Zeit brauchen wir kreative Lösungen und neue Perspektiven: etwa dass mehr Frauen gründen und Männer auch mal zu Hause bleiben, dass auch Söhne bei der Hausarbeit helfen und Väter kochen. Schon hier fängt eine gleichberechtigte Gesellschaft an. Das müssen wir unseren Kindern vorleben. Schließlich steht uns noch so viel bevor. ✦

Soziale Gerechtigkeit, Kleiderspenden und ein Onlineshop

„Mama, warum kommen die Flüchtlinge zu uns?“ Noch fragen meine beiden Kinder mich das nicht, weil sie mit fünf und einem Jahr noch zu klein sind. Aber irgendwann wird es kommen. „Was habt ihr gegen den Klimawandel unternommen? Was habt ihr für soziale Gerechtigkeit getan?“ Mein Blick auf die Welt hat sich, seit ich Mutter bin, stark verändert. Mir ist noch bewusster geworden, wie endlich unsere Ressourcen sind und dass wir unseren Kindern nicht einfach all die Herausforderungen hinterlassen können, die wir als Gesellschaft selbst verursacht haben. Mir geht es nicht um den moralischen Zeigefinger. In sozialen Organisationen gibt es genauso Menschen mit großen Egos und übertriebenem Machtanspruch, wie es in der Wirtschaft Menschen gibt, die ihre Verantwortung ernst nehmen. Doch viele Deutsche ahnen nicht, was ihre vermeintlich gut gemeinten Kleiderspenden oder Metallschrott aus Europa in Afrika Katastrophales anrichten. Diese lukrativen Nebenverdienste für Abgeordnete haben den einheimischen Markt systematisch kaputt gemacht. Narben, die so schnell nicht heilen. Zum Glück setzt langsam ein Umdenken ein. Ich erlebe, dass Konsument:innen kritischer werden, auch wenn ihnen immer noch nicht bewusst ist, was sie mit ihren Geldbeuteln tatsächlich bewirken könnten. Es freut mich auch, dass die junge Generation oftmals eine sinnstiftende Arbeit sucht, und Sozialunternehmen sind Balsam auf meine Seele! Wirtschaft kann anders funktionieren, als wir es heute kennen. Seit vielen Jahren gehöre ich dem Deutschen Netzwerk Wirtschaftsethik an und sehe immer mehr Bewerbungen, genauso wie für den LEA-Mittelstandspreis für soziale Verantwortung, den ich vor vielen Jahren mitkonzipiert und umgesetzt habe. Produkte sind ein guter Weg, um ethische Botschaften zu transportieren, auch wenn er kräftezehrend ist. Bei uns steht der nächste Schritt an: Wir wollen unseren eigenen Onlineshop auf den Markt bringen. Doch unsere Kinder werden die Vision einer sozialen Wirtschaft nur verstehen, wenn wir ihnen die Welt im Ganzen zeigen, nicht nur den westlichen Konsum. Sie sollen sehen, dass sauberes Trinkwasser oder ein Recht auf Bildung keine Selbstverständlichkeiten sind. Wenn genug Menschen dafür kämpfen, wird eine soziale Wirtschaft für unsere Kinder vielleicht einmal so selbstverständlich sein wie Fahrradfahren. ✦

Steckbrief

Dr. Judith Blickle

Unternehmen:	S.H.A.R.E. Stiftung für Mikrofinanz, Fairen Handel und Friedensförderung e. V. sowie Social.Urban.Nature GmbH
Geburtsjahr:	1981
Kinder:	1 Sohn, 1 Tochter
Gründungen:	2012: S.H.A.R.E. Stiftung für Mikrofinanz, Fairen Handel und Friedensförderung e.V. 2019: Social.Urban.Nature GmbH
Branche:	Nachhaltigkeit, Social Supply Chain und Corporate Social Responsibility
Anzahl Beschäftigter:	3 Festangestellte + Freelancer + diverse Projektpartnerschaften in Ghana, Nigeria, Burkina Faso, Togo, Israel und Palästina
Uni-Abschluss:	Diplomstudium Betriebswirtschaft (Hochschule für Wirtschaft und Umwelt Nürtingen-Geislingen) Master of Business Administration (ESB Business School Reutlingen) Promotion Dr. oec. (Uni Hohenheim)
Homepage:	www.share-foundation.de www.socialurbannature.com

Das empfehle ich Gründerinnen

Netzwerke & Förderprogramme:

- FEMPRENEUR - Das digitale Magazin für selbstständige Frauen
- Gründerinnenportal des Bundeswirtschaftsministeriums
- SheTrades: Connect and Trade with Women Owned Businesses
- FEMboss - das Business Frauennetzwerk für Selbstständige und Unternehmerinnen
- Start-up BW Women, Gründerinnen-Initiative Baden-Württemberg
- SHE works! Das Wirtschafts- und Karrieremagazin für Frauen
- Mikromezzaninfonds Deutschland für Gründerinnen

Vorbilder:

Mich beeindrucken und inspirieren alle Menschen, die authentisch und absolut ehrlich sind. Menschen, die nicht im Opferdenken verweilen und die Bereitschaft haben, über Grenzen zu gehen und den Mut aufbringen, Neues zu wagen, zu sich selbst zu stehen und an sich zu glauben. Das sind echte Vorbilder, die unsere Welt so dringend braucht!

Meine Tipps:

1 Glaubt an euch und euer Business! Immer. Gerade bei Rückschlägen braucht es jede Menge Durchhaltevermögen. Das klingt banal, ist aber enorm wichtig. Die Bereitschaft, an jeder Herausforderung zu wachsen und die Begeisterung für sein Thema nie loszulassen. Nur so werden auch andere dafür begeistert werden können.

2 Macht es nicht allein. Vernetzt euch und sucht aktive Mitstreiter:innen.

3 Suche, finde und folge deiner Berufung. „Everybody has a calling. And your real job in life is to figure out as soon as possible what that is, who you were meant to be and to begin to honor that in the best way possible for yourself."

Oprah Winfrey

VAUDE

Eine Exotin stürmt den Gipfel

Wie Antje von Dewitz das Unternehmen ihres Vaters umkrempelte und zur Vorreiterin in Sachen Nachhaltigkeit wurde

Dr. Antje von Dewitz –
VAUDE Sport GmbH & Co. KG

„Familienunternehmen denken langfristig und nicht nur in finanziellen Kennzahlen. Deshalb sind sie das Rückgrat unserer Wirtschaft.“

Vertrauen bekommt man nicht geschenkt, man muss es sich verdienen. Das erfuhr Antje von Dewitz schon in ihrer Kindheit. So wurde die Transparenz einer ihrer wichtigsten Werte und prägte später ihren Führungsstil. Von Anfang an fragte sich Antje von Dewitz: Wie lässt sich unsere Welt nachhaltiger, menschlicher und fairer gestalten? Ihr Weg führte sie in Nichtregierungs- und Frauenorganisationen, zum Umweltbüro und in die Medien. Doch nirgends hatte sie das Gefühl, so viel bewegen zu können, wie als Unternehmerin. So trat sie schließlich in die Fußstapfen ihres Vaters, um beim Outdoor-Ausrüster VAUDE seine Nachfolge anzutreten – und das Unternehmen zu transformieren. Denn sie hatte ein großes Ziel vor Augen: VAUDE zum nachhaltigsten Outdoor-Anbieter Europas zu machen. Welche Hürden sie dabei überwinden musste, ahnte sie damals noch nicht. ✦

Was hat Sie in Ihrer Kindheit geprägt?

Etwas, das mir im Kopf geblieben ist, dass wir im Hinterland von Tettnang die „Neigeschmeckten" waren. Wir waren die einzigen Protestant:innen, die einzigen Unternehmerkinder und die einzigen, die hochdeutsch sprachen. Deshalb wurden wir von Anfang an mit skeptischer Neugier betrachtet. Unternehmer? Was sind das für Leute? Die beuten doch nur aus! Das hat mich damals sehr geprägt, und ich glaube, daraus ist mein Bedürfnis entstanden, alles transparent zu machen. Ich wollte zeigen, dass es gut ist, was mein Vater tut, und anderen beweisen, dass wir doch gar nicht so anders waren. Schon damals ist mir bewusst geworden, dass man sich Vertrauen nur verdienen kann, wenn man von Anfang an auf Transparenz setzt. Indem man zeigt, was man macht, wie man es macht und warum. Und genau das habe ich später bei VAUDE getan. Obwohl es nicht von Anfang an klar war, dass ich einmal die Geschäftsführung übernehmen würde. Es war immer eine Option für mich, genauso wie für meine beiden Schwestern, aber meine Eltern haben uns da nie in eine Richtung gedrängt. Ihre unterschiedlichen Weltsichten haben mich sicherlich auch geprägt. Auf der einen Seite mein Vater mit seinem Motto „Geht nicht, gibt´s nicht", auf der anderen meine Mutter, die eine unglaubliche Naturliebhaberin ist und uns die Verwundbarkeit unserer Welt vor Augen geführt hat. Manchmal hat sie unser kapitalistisch geprägtes System auch angezweifelt und gefragt, wo es mit dem ganzen Wachstum hingehen soll. Vielleicht habe ich mir deshalb viele Gedanken darüber gemacht, wie unsere Welt trotz Globalisierung ein besserer Ort werden kann. ✦

Warum haben Sie sich entschieden, Kulturwirtschaft zu studieren?

Das habe ich gewählt, weil mir Wirtschaft allein zu „nerdig" war. All die Leute mit ihren schwarzen Aktenkoffern und ihrer Eindimensionalität fand ich befremdend. Ich wollte etwas Sinnstiftendes tun, denn die Abholzung des Regenwaldes und das Waldsterben haben mich damals sehr bewegt. Ein Gedanke war es, einmal für gemeinnützige Organisationen zu arbeiten. Die Berufsberatung hat mir dann den interdisziplinären Studiengang Sprache-, Wirtschafts- und Kulturraumstudien in Passau empfohlen, bei dem Politik, Geschichte, Sozialwissenschaften, Sprache und Kultur mit Wirtschaft kombiniert wurden – das war genau die breite Basis, die ich haben wollte. Während meines Studiums habe ich viele Praktika absolviert: beim Ost-West-Europäischen FrauenNetzwerk in Berlin, beim Umweltbüro in Bonn, bei der Süddeutschen Zeitung in München, beim NDR in Hamburg und beim Goethe-Institut in Abidjan an der Elfenbeinküste. Das hat mir alles gut gefallen und ich habe viel gelernt. Trotzdem ist mir klar geworden, dass ich viel lieber mit Menschen arbeite, als nur Studien zu analysieren. ✦

„Es reicht nicht, Frauen die Tür aufzumachen und zu sagen: Dann kommt halt."

Warum sind Sie dann doch im Unternehmen Ihres Vaters gelandet?

Die Option gab es immer in meinem Hinterkopf. Gegen Ende meines Studiums wollte ich wissen, wie es ist, im Unternehmen meines Vaters zu arbeiten. Deshalb habe damals – noch als Praktikantin – den Geschäftsbereich „Packs´n Bags" mitgegründet. Auf einmal hatte ich das Gefühl: „Oh, jetzt bin ich angekommen." Dort habe ich erlebt, wie viel ich als Unternehmerin bewegen kann. All die Projekte, die ich vorher gemacht habe, waren gut. Aber ich hatte das Gefühl, mit einzelnen Projekten oder Texten über ein Thema nicht viel verändern zu können. Bei VAUDE habe ich auf einmal so viele Möglichkeiten gesehen: Arbeitsplätze gut gestalten, nachhaltige Produkte kreieren, entscheiden, mit welchen Lieferant:innen ich arbeiten möchte, die Arbeitsbedingungen in anderen Ländern mitgestalten. Ich hatte das Gefühl, endlich einen großen Hebel gefunden zu haben, um unsere Welt ein Stückchen besser zu machen. ✦

„Wir können nur stark sein, wenn der Weg aus uns selbst herauskommt."

Welche Hürden gab es auf Ihrem Weg als Unternehmerin?

Nachhaltige Wurzeln gab es bei VAUDE schon seit jeher, allerdings in Form einzelner Projekte, die dadurch kaum wahrgenommen wurden. Als ich die Geschäftsführung übernahm, beschlossen wir, Nachhaltigkeit ganzheitlich zu verankern. Dennoch war es am Anfang schwierig, als ein kleiner Player in der Outdoor-Branche nachhaltige Standards in der Produktion umzusetzen. Das Thema hat damals kaum jemanden interessiert. Oft hörten wir aus unserem Lieferantenkreis nur: „Ihr seid die Einzigen, die danach fragen. Das lohnt sich nicht." Oder „Okay, für euch mache ich es, aber das kostet dann 20.000 Euro extra." Auf der anderen Seite sagten unsere im Vertrieb Tätigen: „Öko ist schon okay, aber der Handel und die Kundschaft fragen nicht danach, also darf es auch nicht mehr kosten." Deshalb war es unglaublich schwer, unsere Idee gegen diese Widerstände voranzubringen und daran zu glauben. Überall hatten wir mit enormen Herausforderungen zu kämpfen. Beschäftigte unseres Produktmanagements hatten auf einmal nur noch drei Stoffe zur Verfügung, die unsere Nachhaltigkeitskriterien erfüllten, und wussten nicht, wie sie daraus eine ganze Kollektion zaubern sollten. Und in unserer Lieferkette mussten wir jeden überzeugen, zusätzliche Auditierungen und Zertifizierungen zu bezahlen. Da gab es heftige Konflikte, und es war über Jahre eine unglaubliche Überzeugungsarbeit nötig. Die nächste Hürde war der Fachhandel. Unsere Produkte mussten gut aussehen und funktional sein und durften nicht mehr kosten. Trotzdem sollten sie nachhaltig produziert sein. Es war für uns sehr schwierig, trotz all unseres Mehraufwands mit Zertifizierungen, Auditierungen und zusätzlichem Personal konkurrenzfähig zu bleiben. Im Lebensmittelhandel haben sich die Bio-Läden etabliert, aber nicht in der Textilbranche. Deshalb war es für uns Pionierarbeit. Wir konnten diesen Weg nur gehen, indem wir professioneller gearbeitet haben als andere. In der Textilbranche ist es durchaus üblich, dass rund 15 Prozent der Ware in der Saison nicht verkauft werden kann und dann als Auslaufware zu Billigpreisen angeboten werden muss. Wir haben eine exzellente Warendisposition,

„Mein Credo: in sich reinhören und einfach mal Dinge ausprobieren. So überwindet man Glaubenssätze.“

Einkauf und Lagerbewirtschaftung und viel Fokus daraufgelegt, dass unsere Produkte auch optisch nicht schon in der nächsten Saison veraltet wirken. So haben wir den Anteil dieser Waren durch eine gute Planung auf 3-4 Prozent gedrückt und verkaufen diesen geringen Anteil an Auslaufware dennoch hochwertig. Zudem sparen wir zugunsten unserer nachhaltigen Kosten an unserem Marketingbudget. Deshalb weiß ein großer Teil der Kundschaft oft gar nicht, was wir in punkto Nachhaltigkeit alles machen, weil wir uns große Kampagnen bisher nicht geleistet haben. Um unsere eigenen Leute auf diesen herausfordernden Weg nicht nur mitzunehmen, sondern zum Mitgestalten anzuspornen, war es wichtig, dieses Thema ganz oben in der Geschäftsleitung aufzuhängen und auch bei uns im Unternehmen sichtbar zu machen: Wir haben Parkplätze für Autos zugunsten eines begrünten Campus abgebaut, einen E-Bike-Pool für Leihfahrräder angeschafft, zentrale Duschen, eine Fahrradgarage sowie eine Bio-Kantine gebaut und vieles mehr. Denn ich kann meinen Beschäftigten nichts über Nachhaltigkeit erzählen, wenn sie es nicht selbst erfahren, dass wir das auch leben. ✦

WIE KONNTEN SIE FAMILIE UND BERUF VEREINEN ?

Tatsächlich hätte ich nie gedacht, welche Glaubenssätze bei mir selbst hochkommen würden. Letztlich war es das Beste, in mich reinzuhören und einfach mal Dinge auszuprobieren. Als ich schwanger wurde, gab es bei uns in der Gegend keine Kinderbetreuung für unter Dreijährige. Und als meine Tochter gerade sechs Wochen alt war, hat meine Nachfolgerin aufgehört, und ich wurde gefragt, ob ich nicht zurückkommen könne. Also bin ich für ein paar Stunden täglich wieder eingestiegen und habe meine Tochter im Tragetuch mit ins Großraumbüro genommen. Das war definitiv eine schwierige Zeit. Wenn sie geschrien hat und die Kolleg:innen mir auch mal genervte Blicke zuwarfen, habe ich mich schon gefragt: Was mache ich hier? Ich hatte anfangs viele Zweifel. Doch je länger ich einfach ausprobiert habe und nach einigen Monaten auch eine Tagesmutter gefunden hatte, desto mehr habe ich gemerkt: Ich bin keine schlechte Mutter, nur weil ich arbeite. Im Gegenteil. Es hat meinem Kind nicht geschadet, und ich hatte danach wieder viel mehr Geduld und Kraft für mein Kind. Diese Erkenntnis hat mir Schritt für Schritt die Gewissheit gegeben, keine „Rabenmutter" zu sein. So habe ich mein eigenes Selbstbewusstsein aufgebaut und gesehen, dass es irgendwie funktioniert mit Kind. Parallel dazu habe ich angefangen, bei uns auf dem Betriebsgelände ein Kinderhaus aufzubauen. Als meine zweite Tochter zur Welt kam, war es bereits fertig. ✦

Wie haben Sie es geschafft, das ganze Unternehmen Ihres Vaters zu transformieren?

Mir war völlig bewusst, dass ich das Unternehmen nicht so führen kann wie mein Vater, der es allein aufgebaut hat. Bei ihm ist sehr viel zusammengelaufen – diese Schuhe waren mir zu groß. Ich wollte von Anfang an die Verantwortung auf mehrere Schultern verteilen. Aber natürlich bin ich nicht einfach ins Unternehmen gekommen und habe gesagt: Jetzt machen wir alles anders. Sondern ich habe insgesamt acht Jahre im Unternehmen in unterschiedlichen Abteilungen gearbeitet und in meiner Dissertation VAUDE aus der Ferne begleitet. So habe ich genau gewusst: Wo brennt es eigentlich? Wo sind die Punkte, mit denen das Mitarbeiterteam unzufrieden ist? Wo läuft es super? Wo ist Potenzial, etwas zu verändern? Dadurch hatte ich ein gutes Gespür, und ich bin ja nie allein gewesen. Ich habe von Anfang an Wert daraufgelegt, im Team zu arbeiten. ✦

Wie kam es, dass Sie noch eine Dissertation an der Uni Hohenheim geschrieben haben ?

Mein Mann hat nach seinem Studium in der Nähe von Hohenheim einen Job bekommen. Weil damals schon klar war, dass ich einmal VAUDE übernehmen würde, hatten wir vereinbart, dass er erst einmal an der Reihe war und wir dorthin ziehen. Ich habe mir dann einen Job gesucht, der mich für die Übernahme von VAUDE qualifiziert. So bin ich auf den Entrepreneurship-Lehrstuhl der Uni Hohenheim aufmerksam geworden. Dort habe ich mich beworben und wurde – zunächst unerwartet – gefragt, welche Dissertation ich denn schreiben möchte. „Was, das auch noch?", dachte ich im ersten Moment. Aber dann habe ich es als Chance gesehen, als Vorbereitung, um eines Tages als Unternehmerin gute Rahmenbedingungen zu schaffen. In meiner Doktorarbeit habe ich die optimalen Voraussetzungen in mittelständischen Unternehmen für leistungsstarke Arbeitsverhältnisse untersucht. Also herausgearbeitet, was Beschäftigte motiviert, was sie brauchen. VAUDE habe ich als das größte Fallbeispiel genommen, und ich habe sehr viel gelernt, was mir später geholfen hat. ✦

Welche Werte sind Ihnen wichtig?

Meine wichtigsten Werte sind Vertrauen und Nachhaltigkeit. Klar, da ist jeder erst einmal dabei, aber der Schlüssel, um diese beiden Werte auch im Unternehmen leben zu können, ist Transparenz. Denn bei der Umsetzung stößt man schnell auf Glaubenssätze. Ein Beispiel ist das Thema Homeoffice. Wir wollten eine Vertrauenskultur einführen, aber als es daran ging, den Beschäftigten Vertrauensarbeitszeit zu gewähren, konnte nicht jede Führungskraft mitgehen. Manche hat sich schwer damit getan. Ihre Rolle hat sich verändert: von einer Person, die entscheidet, ein Machtwort spricht und kontrolliert, hin zu einer Person, die den Rahmen vorgibt, begleitet und Sparring-Partner:in ist. Nicht alle sind am Ende diesen Weg mit uns gegangen. Aber die Transparenz hat von Anfang an eine große Rolle gespielt. Wir haben eine neue Stelle für die interne Unternehmenskommunikation geschaffen, ein Intranet aufgebaut, das ähnlich wie eine Social Media-Plattform allen Beschäftigten die Möglichkeit gibt, zu kommentieren und sich zu äußern. Zudem machen wir wöchentliche interne Video-Beiträge der Geschäftsleitung und laden quartalsweise alle VAUDE-Mitarbeiter:innen zum Unternehmensaustausch ein, bei dem es um die wichtigsten aktuellen Themen, Projekte und Geschäftszahlen geht. Dort kommunizieren wir, wo wir gerade stehen und was unsere Herausforderungen sind. Daraus schöpfen wir ein starkes Gemeinschaftsgefühl. Denn es ist wichtig, nicht einfach Dinge von der Geschäftsführung vorzugeben, sondern die Hintergründe zu vermitteln. Genauso ist es beim Thema Nachhaltigkeit. Wir mussten alles dokumentieren, Nachweise sammeln, uns extern kontrollieren lassen. Auch das haben wir intern kommuniziert und erklärt, warum so viel Bürokratie und Mehraufwand nötig sind. Anfangs war das für viele frustrierend, auch für mich. Es hat viel Zeit und Geld gekostet und erst einmal wenig Mehrwert gebracht. Manchem ging der Glaube verloren, dass wir damit erfolgreich sein können. Aber Veränderungen brauchen nun mal Zeit und Durchhaltevermögen. Und so haben wir nach und nach unsere werteorientierte Unternehmenskultur etabliert, die wir heute in allen Bereichen leben. ✦

Hatten Sie jemals das Gefühl, als Frau nicht dieselben Chancen zu haben?

Am Gymnasium habe ich das einmal erlebt. Es war im Gemeinschaftskundeunterricht. Egal, was ein Mädchen gesagt hat, es hat einfach nicht gezählt. Wenn kurz darauf ein Junge dasselbe gesagt hat, war es auf einmal richtig. Das ärgert mich bis heute, wenn ich daran denke. Aber das war wirklich das einzige Mal, dass ich eine Benachteiligung bewusst erlebt habe. Später war es einfach so, dass ich in eine männerdominierte Branche kam und oft die einzige Frau in der Runde war. Schon allein deswegen hatte ich eine Sonderrolle. Noch heute gibt es Momente, in denen ich mich überwinden muss, als einzige Frau ein Thema anzusprechen, was sonst niemanden zu interessieren scheint. Es kann manchmal einschüchternd sein, aus einer Runde herauszustechen. Das kostet Energie und erfordert Mut, sich nicht einfach anzupassen, sondern auch Dinge anders zu machen. Nicht still zu sein, sondern meine Ideen auch einzubringen. Was mich ein wenig erschreckt hat war, wie stark bei mir selbst Rollenbilder hochkamen, als ich schwanger wurde. Ich habe mich immer für eine emanzipierte Frau gehalten, aber dann doch erlebt, wie stark der Gedanke an das furchtbare Bild einer Rabenmutter war. Obwohl ich diesen Begriff vorher nie in meinem Repertoire hatte! Plötzlich hing er über mir wie ein Damoklesschwert. Damals studierte mein Freund noch, und ich war die Ernährerin unserer kleinen Familie. Es gab vor Ort keine Vorbilder, keine Frauen, die Job und Kinder vereint haben, sondern mein Umfeld in Oberschwaben war sehr traditionell geprägt. Deshalb musste ich meinen eigenen Weg finden. Dabei hatte mein Vater schon zehn Jahre vorher Pläne gehabt, einen Betriebskindergarten aufzubauen. Doch dagegen hatte sich die katholische Kirche im Dorf ausgesprochen, die stattdessen ihren Kindergarten um eine zweite Gruppe erweitert hat. Allerdings hat mir das nichts geholfen, weil sie nur eine Betreuung von 8–12 Uhr angeboten haben und drei Monate im Jahr geschlossen hatten. Deshalb habe ich den Gedanken meines Vaters wieder aufgegriffen und bei VAUDE ein Kinderhaus gegründet, bei dem Kinder von einem halben Jahr bis zehn Jahren ganztägig betreut werden können, also auch nach der Schule. Das war und ist für viele Kolleg:innen eine wertvolle Unterstützung. Trotzdem erlebe ich nach wie vor, dass es oftmals die Frauen sind, die bereitwillig bei den Kindern zu Hause bleiben und ihre Führungsrolle wieder abgeben, obwohl die Männer bei VAUDE oft viel mutiger und experimentierfreudiger sind mit neuen Rollen. Da stolpere ich oft drüber und frage mich, was muss sich eigentlich noch verändern, damit wir diese alten Glaubenssätze überwinden und es wirklich gleichberechtigt wird? ✦

Haben Sie sich als Unternehmerin verändert?

„Wir können uns im Mittelstand kein Image kaufen, aber wir können es leben!“

Ich bin politischer geworden. Unser Wirtschaftssystem ist auf Finanzkennzahlen ausgerichtet – es zählen am Ende nur Profit, Umsatz oder Ebit. Aber es zählt nicht, wie ich meine Rolle als Unternehmerin wahrnehme. Dabei krankt unser Planet, und wir sollten aufhören, auf Kosten von Mensch und Natur zu wirtschaften. Doch die Globalisierung hat dazu beigetragen, dass es einfacher ist, Verantwortung abzugeben, statt sie zu übernehmen. Nach dem Motto: Es passiert ja alles so weit weg. Deshalb sind wir bei VAUDE sehr politisch geworden, denn Unternehmen, die freiwillig Verantwortung für unsere Umwelt und faire Arbeitsbedingungen übernehmen, sind durch höhere Kosten, viel mehr Aufwand und letztlich auch ein höheres Risiko im Wettbewerb benachteiligt. Mit VAUDE können wir zeigen, dass es möglich und sinnvoll ist, diesen Weg zu gehen. Aber wir sind erst am Anfang. Denn wir brauchen viele, um wirklich etwas zu bewegen und die globalen Herausforderungen zu meistern. Um nachhaltiges Wirtschaften in der Breite zu verankern, ist ein stärkerer politischer Rahmen notwendig. Der Markt regelt es eben nicht von selbst. Dadurch wird es ermöglicht, dass wir als eine der reichsten Industrienationen der Welt unseren Wohlstand auf dem Rücken von Menschen aus anderen Teilen der Welt aufbauen und Lebensräume vernichten. Das ist doch absurd!

Wie blicken Sie auf das zurück, was Sie erreicht haben?

Auf das, was wir erreicht haben, bin ich schon stolz. Meine vier Kinder sind ein großer Treiber für mich. Wir haben ein kritisches Stadium auf diesem Planeten erreicht, und ich setze mich dafür ein, dass meine Kinder und auch meine Enkelkinder einmal eine lebenswerte Welt vorfinden. Ich denke immer, dass meine Kinder mich irgendwann mal fragen werden: Was hast du eigentlich getan, um unsere Welt zu erhalten? Das ist schon etwas, das mich sehr antreibt. Insgesamt blicke ich mit viel Freude auf mein Leben zurück und bin gespannt auf alles, was noch kommt. Denn es geht ja immer weiter. Die Bedrohung für ein lebenswertes Leben auf diesem Planeten ist ja eher noch größer geworden. Ich möchte mit VAUDE ein Teil der Lösung sein. Deshalb bin ich bereit, immer neue Hürden zu überwinden. Es macht mich manchmal traurig zu sehen, wie viel für die kommende Generation unwiederbringlich zerstört wird. Wenn wir in zwanzig Jahren zurückblicken, wird uns vielleicht erst bewusst, welche Schätze wir hatten. Dennoch bin ich eine leidenschaftliche Optimistin und glaube daran, dass es Lösungen gibt und dass wir es in der Hand haben, gemeinsam die Welt zum Positiven zu verändern. ✦

Steckbrief

Dr. Antje von Dewitz

Unternehmen:	VAUDE GmbH & Co. KG
Geburtsjahr:	1972
Kinder:	2 Töchter, 2 Söhne
Unternehmens-übernahme:	2009
Branche:	Outdoor
Anzahl Beschäftigter:	Mehr als 500
Uni-Abschluss:	Diplom Kulturwirtschaft – Sprachen, Wirtschafts- und Kulturraumstudien (Uni Passau) Promotion Dr. oec. (Uni Hohenheim)
Homepage:	www.vaude.com

Das empfehle ich Gründerinnen

Meine Tipps:

1 Wir haben nach wie vor eine männlich geprägte Welt, und Frauen stellen sich öfter mehr in Frage. Glaubt an euch, lauft in kleinen Schritten, macht eigene Erfahrungen, dann könnt ihr den nächsten Schritt mit viel mehr Selbstbewusstsein gehen. Versucht euch von unsinnigen Glaubenssätzen zu lösen, die euch bremsen.

2 Lasst euch nicht von Rückschlägen entmutigen! Das sind Erfahrungen, die auf eurem weiteren Weg nützlich sein können.

3 Entwickelt ein gutes Bauchgefühl, geht euren eigenen Weg und vertraut darauf, dass das ein guter Weg ist. Schaut euch nicht zu viel ab und bewahrt euch eure eigene innere Quelle, die einzigartig ist.

Ein Herz für Abfall

Zwei Schwestern, die ihre Berufung im Müll fanden

Nadine Speidel – GlobalFlow GmbH

Film über GlobalFlow GmbH anschauen

„Die Menschheit unterschätzt Abfall sehr. Dabei sind das oft Wertstoffe und coole Materialien."

Nadine Speidel (links) und ihre Schwester Anne Kathrin Antic (rechts)

Altöl, Karosserieteile oder gebrauchte Kanülen – für Nadine Speidel ist das alles kein Abfall. Sie sieht darin weitaus mehr: Wertstoffe mit Potenzial. Genug, um darauf ihr eigenes Unternehmen aufzubauen. Mitten in ihrem Masterstudium gründete die Stuttgarterin ihre GlobalFlow GmbH und klopfte als Entsorgungsexpertin beim produzierenden Gewerbe an. Angst vor den Großen hatte die ehemalige Judoka keine: ZF Friedrichshafen, Ritter Sport, Thyssenkrupp oder Hipp gehören zu ihren Kunden. Sie hilft ihnen dabei, ihren Müll zu reduzieren und Hunderttausende Euro einzusparen. Trotzdem kam der entscheidende Durchbruch erst, als ihre Schwester Anne mit ins Unternehmen einstieg und Nadine Speidel ein Buch in die Hände fiel. Daraufhin krempelten die beiden Geschäftsführerinnen die gesamte Firma um, halbierten ihre Arbeitszeit und senkten ihre Ausgaben so weit, dass sie selbst Corona problemlos überstanden. Und das, obwohl sie seitdem alles ohne internes Personal, sondern nur mit Externen wuppen.

Geh doch zum Daimler

Bäm. Ich lag am Boden. Bei keiner Sportart sonst bekommt man so oft eine Klatsche und lernt, immer wieder aufzustehen.
Ich weiß nicht, wie oft ich auf die roten und olivgrünen Matten gefallen bin – sicher Hunderte Male. Trotzdem konnte ich es kaum erwarten, jeden Tag in meine weiße Hose zu steigen, die feste Stoffjacke anzuziehen und den Gürtel um die Hüften zu binden. Judo war meine große Leidenschaft, seit ich sieben Jahre alt war. Ich bin zusammen mit meiner kleinen Schwester fünfmal die Woche ins Dojo gefahren und habe auf Wettkampfniveau trainiert. Was hatten wir anschließend für einen Hunger! Es musste nur einer von uns Geschwistern rufen „Das letzte Stück Fleisch gehört mir", und schon steckten drei Gabeln darin. Zurückhaltend war bei uns in der Familie keiner. Auch Streitigkeiten haben wir oft in voller Lautstärke ausgetragen. Damals habe ich gelernt, mich durchzusetzen, vor allem gegenüber meinem älteren Bruder. Wir haben uns trotzdem gut verstanden, er nahm mich mit seinen Jungs mit auf Tour, und ich spielte dafür die Fahrerin, wenn es in die Disco ging. Wir waren eine fröhliche Familie, wohnten direkt am Cannstatter Kurpark und liebten die Rockmusik. Mein Papa hat Rollläden und Jalousien montiert, meine Mutter ist Friseurin – so sah ich von klein auf, was die Selbstständigkeit bedeutet. Obwohl meine Eltern viel zu tun hatten, waren sie auf jedem unserer Wettkämpfe. Sport war mein Leben! Etwas anderes hat mich kaum interessiert, nicht mal die Schule. Mir war es egal, ob ich auf die Hauptschule oder aufs Gymnasium komme. Warum auch nicht? Ich habe erlebt, wie Handwerker:innen erfolgreiche Unternehmen aufbauen können und gutes Geld verdienen. Warum nur reden so viele Leute herablassend über sie? „Geh doch zum Daimler", haben meine Eltern oft gesagt, doch sie haben uns Kinder immer unterstützt, unseren eigenen Weg zu finden. Das haben wir alle drei am Ende auch getan. Ich ging schließlich doch aufs Gymnasium – weil ich dort weiter Judo trainieren konnte! Heute bin ich froh darüber, dass ich diesen Weg eingeschlagen habe. Denn ich hätte nicht gedacht, wie viel unsere Bildung doch ausmacht. ✦

Andere kauften sich ein Auto, ich habe gegründet

Schrecklich! Diese Fruchtriegel aus dem Reformhaus. Ich habe sie gehasst. Während andere Kinder Duplos mit in die Schule bekamen, hatten wir Karotten in der Vesperbox. Meine Mutter ist mit der Atomausstiegs-Bewegung groß geworden und hat uns ihr Umweltbewusstsein vermittelt. „Das schmeckt mir nicht!“, musste sie sich oft anhören, wenn sie uns ihr selbstgemachtes Ketchup angeboten hat. Irgendwann hat sie dann kapituliert. Aber ihre Einstellung hat wohl doch auf mich abgefärbt. Nach dem Abi habe ich mich für den Studiengang Energie- und Ressourcenmanagement an der Hochschule für Wirtschaft und Umwelt in Nürtingen-Geislingen eingeschrieben. Bloß nicht an eine Universität! Ich wusste immer: Theorie ist nicht mein Fall – ich bin ein praktisch veranlagter Mensch. Aber was bin ich froh darüber, dass wir in Deutschland so gute Bildungschancen haben. Das ist mir bei einem Ferienjob in Kanada erst richtig klar geworden. Ich arbeitete in einem Donut-Laden und habe dort viele talentierte Menschen mit tollen Ideen kennengelernt. Aber ohne Schulabschluss hatten sie keine Chance, etwas aus ihrem Leben zu machen. Das fand ich sehr tragisch und es hat meinen Blick auf die Welt verändert. Genauso wie das Praktikum als Werkstudentin bei einem großen produzierenden Betrieb. Ich konnte es nicht fassen: Metall, Papier oder Elektronik landeten in der Tonne, ohne jegliche Abfalltrennung. „Das sind doch Rohstoffe!“, schoss es mir durch den Kopf. Auf einmal wurde mir klar, was ich in dieser Welt verändern wollte. Als es mitten in meinem Masterstudium hieß: „Macht mit beim Businessplan-Wettbewerb“, meldete ich mich sofort an. Das war genau das, was ich brauchte! Ich weiß noch, wie uns alle angesehen haben, als wir nach dem Wettbewerb zu dritt die GlobalFlow GmbH gegründet haben. Unsere Mitstudierenden dachten wohl, wir seien verrückt. Während andere sich Autos kauften, gründeten wir 2012 eine Firma. „Was ist mit einem Büro?“, fragten wir uns und hatten Glück: Die Stadt Reutlingen stellte uns einen Gründungszuschuss und Räumlichkeiten zur Verfügung. Wir waren motiviert bis in die Haarspitzen, aber dann kam alles anders als geplant. ✦

Wie das Uniklinikum Tübingen unser erster Kunde wurde

Ich kann mich noch genau an den Geruch nach Desinfektionsmitteln, die weißen Wände und all die Tücher und Kanülen erinnern. Und an die Berge von Müll. Das Klinikpersonal hastete von einem Trakt in den anderen, und ich saß mittendrin und schrieb meine Masterthesis am Tübinger Uniklinikum. Was ist besser? Mehrwegprodukte einkaufen und aufwändig säubern oder Einwegprodukte mit langen Transportwegen kaufen und wegwerfen? So einfach ist das nicht zu sagen, weil so viele Faktoren eine Rolle spielen. Kurz gesagt: Es kommt darauf an. Auch wenn ich keine eindeutige Antwort geben konnte, hatte ich so meinen ersten „Business Case" bei einem großen Kunden in der Tasche. Vor allem aber wusste ich: Meine Idee funktioniert! Nur einen Monat später sollte alles ganz anders aussehen. Mein Mitgründer eröffnete mir eines Morgens, dass er aus dem Unternehmen aussteigen wolle. „Ich komme mit dieser Unsicherheit einfach nicht klar!", sagte er mir. Bums. Da war unser kleines Team auf mich und meine zweite Mitgründerin zusammengeschrumpft. Kurz nachdem wir ein großes Handwerksunternehmen als Kunden gewonnen hatten und gerade dabei waren, die gesamte Mülltrennung, den Einkauf und die verwendeten Rohstoffe genau unter die Lupe zu nehmen, kam eine freudige Überraschung, wie eine Perle auf der Kette. Dabei hatten wir gerade erst angefangen, unser Netzwerk aufzubauen. Statt auf Gründerpartys waren wir bei regionalen Veranstaltungen des Wirtschaftsrates BW, beim Verband der Familienunternehmen, bei der Umwelttechnik Baden-Württemberg oder der BW: Connected e. V. Dort tummelte sich unsere potenzielle Kundschaft, und wir sahen immer wieder dieselben Gesichter. So bauten wir Schritt für Schritt unser Netzwerk aus, wurden an schwäbische Familienbetriebe weiterempfohlen und standen eines Tages auf dem Hof der ZF Friedrichshafen AG in Schweinfurt. Die LKWs rollten einer nach dem anderen an uns vorbei, luden Tonnen an Papierabfällen auf ihre Ladeflächen und transportierten sie wieder ab. Tag für Tag. Bis wir handelten. Seitdem stehen drei Ballenpressen mitten auf dem Firmengelände. Gepresste Papierballen lassen sich zu einem deutlich höheren Preis verkaufen als loses Altpapier und benötigen weniger Platz. „Statt all der LKWs brauchen Sie nur einmal pro Woche einen Sattelschlepper kommen zu lassen", hatten wir dem Geschäftsführer erklärt. Das war nur einer unserer Vorschläge. „Sie stellen mir ja die ganze Firma auf den Kopf", hörten wir anfangs, doch nach Umsetzung unserer Idee war das Erstaunen groß, als ZF stolze 700.000 Euro an Entsorgungskosten einsparte. Hach, was für ein schönes Gefühl, so viel für einen Kunden erreicht zu haben! Die ersten zwei Jahre vergingen wie im Fluge. Obwohl wir es bei unseren Auftraggeber:innen mit riesigen Geldsummen zu tun hatten, mussten wir aufpassen, selbst nicht in die roten Zahlen zu rutschen. Trotzdem war ich guter Dinge, bis mich eine Nachricht überraschte: „Ich bin schwanger", eröffnete mir meine Mitgründerin. Kurze Zeit später war sie in die Elternzeit verschwunden und ich stand auf einmal allein da. ✦

Wenn die kleine Schwester ins Unternehmen einsteigt

Funktioniert das? Natürlich habe ich mir diese Frage gestellt, als ich meine kleine Schwester noch während ihres Studiums der Wirtschaftswissenschaften fragte, ob sie mit ins Unternehmen einsteigen wolle. Anne als zweite Geschäftsführerin? Wie würde das werden? Die lang ersehnte Hilfe oder viele Streitereien? Wir sind sehr unterschiedlich. Oft habe ich aus Spaß gesagt: „Ich bin der Schmetterling und du bist der Stein." Während ich mich in der Veränderung wohlfühle, gerne von einer Idee zur nächsten flattere und Dinge vorantreibe, hat Anne die Ruhe weg und bleibt auf dem Boden der Tatsachen. Bevor sie etwas angeht, prüft sie fünfmal, ob es auch funktionieren kann. Aber sie musste nicht lange überlegen und hat „Ja" gesagt. Es war genau die richtige Entscheidung, denn wir ergänzen uns perfekt. Klar müssen wir uns bewusst sein, in welcher Rolle wir uns befinden. Frage ich sie als Partnerin oder große Schwester? Dementsprechend antwortet sie auch. Konflikte bleiben da nicht aus. Aber wir haben gelernt, unsere jeweiligen Stärken zu nutzen. Seitdem managt sie unsere Finanzen und das klappt hervorragend! Es ist gerade unsere Verschiedenheit, die uns voranbringt. Meine Schwester bremst auch mal, löst Themen sauber auf und setzt erst um, wenn alles steht. Ich habe die neuen Ideen und kann sie bei Kund:innen verkaufen. So sind wir ein starkes Team, und es ist gut zu wissen, dass jemand einem den Rücken freihält. Trotzdem war es in den Anfangsjahren manchmal so zäh wie Kaugummi. ✦

„Ich bin der Schmetterling und Du bist der Stein."

Warum du immer einen Plan B haben solltest

„Rate mal, was passiert ist", sagte meine Schwester am Telefon. Es konnte jederzeit passieren, von einem Tag auf den anderen. „Er hat das ganze Projekt abgesagt!" Auf einmal lag ein Großprojekt auf Eis. Doch nur wenige Tage später rief plötzlich der Vorstand eines großen Konzerns bei uns an und wollte die „plastikfreie Produktion" mit uns angehen. Es war ein ständiges Auf und Ab. Bei einem anderen Kunden warteten wir so lange auf eine Lieferantennummer, bis sich das ganze Thema erledigt hatte. Manches Mal sind wir nur über die Runden gekommen, weil wir auf unser Gehalt verzichtet oder privates Geld eingebracht haben. Die Banken waren für uns eher Regen- als Sonnenschirme, und viele Firmen leben in ihrer eigenen Welt. „Oh, Ihre Rechnung ist mir durchgerutscht." So lapidar war die Antwort eines Kunden, als wir ihn nach wochenlangem Warten nach unserem Geld fragten. Für ihn war das ein kleines Versäumnis, für uns eine mittlere Katastrophe. Die größte Herausforderung war es für uns, in der Anfangszeit liquide zu bleiben. Vom Projektstart bis zur Umsetzung können in unserer Branche Jahre vergehen. Oftmals weil intern so viel Überzeugungsarbeit zu leisten ist. Ich konnte das anfangs gar nicht verstehen, weil ich die Veränderung so liebe, aber in großen Konzernen schätzt die Belegschaft Beständigkeit und Stabilität. Warum tun sich so viele Menschen schwer mit Neuem? „Wissen Sie, ich find Ihre Ideen gut, aber mein Team ist noch nicht überzeugt." Solche Sätze haben wir oft gehört. Oder andersherum: Wir erlebten, dass Entscheidungen nicht immer logisch gefällt werden und nur weil ein Unternehmen eine Million Euro einsparen kann, noch lange nicht alle Verantwortlichen das auch wollen. Es hat wehgetan zu sehen, wie manche unserer Ideen begraben wurden. Deshalb würde ich sagen: Als Unternehmerin sind Resilienz und Überzeugungskraft sehr wichtige Eigenschaften. Mit der Zeit haben wir uns an die Bedürfnisse der Kundschaft angepasst, doch rückblickend hätte mir manchmal ein Psychologie-Studium geholfen. Am Ende hat sich unsere Hartnäckigkeit ausgezahlt. Wir schafften es nach vier Jahren, in die schwarzen Zahlen zu kommen – aber statt zu wachsen, haben wir unser Unternehmen wieder geschrumpft. ✦

„Man muss immer mit absolutem Chaos rechnen und eine Lösung finden.“

„Was vorstellbar ist, ist auch machbar!“

(Albert Einstein)

Wie ein einziges Buch alles veränderte

Es hat einen Schalter umgelegt. Obwohl wir nicht wussten, dass uns eine Pandemie bevorstehen würde. Im Rückblick war es genau dieser Schritt, der uns für die harte Zeit gerüstet hat, als wir wegen COVID-19 nicht mehr in die Werke gehen konnten. Doch das alles ahnte ich nicht, als mir eines Tages dieses Buch in die Hände fiel. Es hieß „4-Hour Workweek" von Tim Ferriss. Der Titel ist natürlich provokant, doch schon bald hatte ich verstanden, worum es dem Autor ging: sich als Unternehmerin auf die eigenen Stärken konzentrieren und alle anderen Aufgaben outsourcen. Das sprach mir aus der Seele, und so habe ich 2019 mit meiner Schwester unser Unternehmen umgebaut. Wir beschlossen, mit externen Profis für IT, Steuer, Recht, Verkauf und Marketing zusammenzuarbeiten und uns selbst nur noch auf die Beratung unserer Kund:innen zu konzentrieren. Aber wie findet man eine Person, die von der Akquise bis zum Vertragsabschluss alles macht? Wonach googelt man überhaupt? Das ein oder andere Mal haben wir trotz guter Empfehlungen Lehrgeld bezahlt, doch mittlerweile haben wir die richtigen Partnerschaften für alle Aufgaben beisammen. Wir sind zu einem flexiblen Team geworden. Was haben wir dadurch für eine Unabhängigkeit gewonnen! Das hätte ich nie gedacht. Unsere Kundenpräsentationen sind seitdem immer einwandfrei und pünktlich fertig, und wir haben deutlich weniger laufende Kosten. Auch unser eigenes Büro haben wir aufgegeben und uns in ein Business Center in Stuttgart, mitten auf der Königstraße, eingemietet. Wie gut es tut, vor Beratungsterminen nicht mehr alles selbst zu organisieren – vom Kaffee bis zum Klopapier.

Von da an schlugen wir eine ganz neue Richtung ein. ✦

> „Nirgendwo bekommt man so oft eine Klatsche und muss dann wieder aufstehen, wie beim Judo!“

Von Männern und abgesteckten Königreichen

Kämpfen liegt mir als Judoka im Blut – solange es fair zugeht. Genauso ist es im Business: Der- oder diejenige mit den besseren Argumenten gewinnt. „Selbst im IT-Bereich verdient man weniger, warum sollten wir das zahlen?“, hörte ich das ein oder andere Mal. Wenn jemand unseren Tagessatz drücken will, halte ich dagegen! „Sie können es gerne mit einem IT-Profi angehen“, erwiderte ich. Schlagabtausche kannte ich gut und ich hatte nie Angst vor Verhandlungen. Seit meinem Wettkampftraining wusste ich, nur weil eine Gegnerin einen höheren Gürtel hat, heißt es noch lange nicht, dass sie gewinnt. Es hilft, erst einmal zu prüfen, was wirklich dahintersteckt. Genauso ist es bei großen Unternehmen. Die Entsorgungsbranche ist eine Männerwelt. Uns hat das nie gestört – im Gegenteil. Trotzdem ist es gut, eines zu wissen: Es gibt viele abgesteckte Königreiche und Konkurrenzdenken. Deshalb hilft es, gelassen zu bleiben und immer eine gute Antwort parat zu haben. Wenn ich höre „Sie wissen schon, dass wir groß sind“, kontere ich „Und Sie wissen schon, dass ich fünf von Ihnen gleichzeitig betreuen kann.“ Durch unsere Neuaufstellung sind wir nicht mehr auf jeden Auftrag angewiesen und können entscheiden, mit wem wir arbeiten wollen. Das macht nicht nur uns zufriedener, sondern auch unsere Kundschaft. Und wenn sich mal wieder ein Projekt von heute auf morgen verändert, können wir flexibel darauf reagieren. Dadurch haben wir wesentlich weniger Druck als früher und können uns auf den nächsten Schritt konzentrieren. ✦

Putzen? Das mache ich längst nicht mehr!

Wie universell der Autor Tim Ferriss doch ist! Meinem Mann war das erst gar nicht so recht, dass ich beschlossen habe, Ferriss' Lehren auch zu Hause anzuwenden. „Schatz, was hältst du von einer Putzfrau?“ Mein Mann ist ein klassischer Schwabe und musste sich erst an den Gedanken gewöhnen. Tim Ferriss hat meine Prioritäten verändert, und seitdem rausche ich nicht mehr mit Staubsauger und Wischmob umher. Was bringt eine schöne Wohnung, wenn ich sie nicht genießen kann? Seit ich das Putzen ausgelagert habe, bleibt mir auch genug Zeit für unseren kleinen Sohn, der 2020 auf die Welt gekommen ist. Jetzt fehlt mir nur noch eine Sache zum Glück. Wie schön wäre es, von überall auf der Welt arbeiten zu können! Die Umstellung unserer Firma hat uns schon vieles ermöglicht und uns in der Pandemie gerettet. Nun fehlt uns nur noch ein größeres Liquiditätspolster, damit wir vielleicht doch mal im Ausland arbeiten können. Oder um genug Zeit für ein zweites Kind zu haben. Denn eine große Familie fände ich schön, so wie es früher bei uns zu Hause war. Ganz aufhören zu arbeiten möchte ich aber auch mit Kindern nicht, dafür macht es zu viel Spaß. Genauso wie die Musik – meine andere Leidenschaft. Ich bin großer Fan von Queen und Guns n' Roses und liebe Live-Konzerte. So sehr, dass ich mich sogar an der Musikschule angemeldet habe, um mit 30 Jahren noch Schlagzeug zu lernen. Musik macht meinen Kopf frei und stimmt mich glücklich. Wie schön wäre es, nach dieser Pandemie irgendwann mal wieder meine Idole live zu sehen. Aber wenn ich auf meinen Weg zurückblicke, bin ich mir sicher: All die Schmerzen waren nötig, damit ich genau da ankomme, wo ich jetzt bin. Es war vielleicht kein bequemer, trotzdem aber ein sehr schöner Weg. ✦

Steckbrief

Nadine Speidel

Unternehmen:	GlobalFlow GmbH, gemeinsam mit ihrer Schwester Anne Kathrin
Geburtsjahr:	1987
Kinder:	1 Sohn
Gründung:	2012 Gründung im Studium
Branche:	Abfallwirtschaft & Entsorgung / Abfall- und Wertstoffmanagement
Anzahl Beschäftigter:	früher 16 - heute keine
Uni-Abschluss:	Bachelor of Arts in Energie- und Ressourcenmanagement (Hochschule für Wirtschaft und Umwelt Nürtingen-Geislingen) Master of Science in Produktionsmanagement (ESB Business School Reutlingen)
Homepage:	www.global-flow.de

Das empfehle ich Gründerinnen

Netzwerke:

- Senioren der Wirtschaft e.V., Schönaich
- BW: Connected e. V.

Förderprogramme:

- Förderprogramm Junge Innovatoren des Landes Baden-Württemberg
- Darboven IDEE-Förderpreis
- EMOTION.award
- NewBizCup (Businessplan-Wettbewerb)
- Startinsland Wettbewerb (Gründungsinitiative Region Freiburg)

Meine Tipps:

1. Fokussiert euch auf die Wünsche eurer Kund:innen.
2. Überprüft mit einer „quick & dirty“-Lösung euer Geschäftsmodell.
3. Stellt euch darauf ein, dass am Ende alles anders kommt als geplant.
4. Zieht euer Ding durch, ihr werdet in jedem Fall um eine wertvolle Erfahrung reicher.
5. Baut euer Unternehmen nach „4-Hour Workweek“ von Tim Ferriss auf.

Es gibt nichts Schöneres als Konflikte

Was mich die Mediation gelehrt hat

Dr. Andrea Hartmann-Piraudeau – CONSENSUS GmbH

„Ich fühle mich wie
ein galoppierendes Pferd.
Mit Stillstand kann ich
gar nichts anfangen!“

Dr. Andrea Hartmann-Piraudeau bei der Arbeit

Andrea Hartmann-Piraudeau wird oft um ihre Energie beneidet. Sie hat Kommunikations- und Medienwissenschaften, Linguistik und Mediation studiert, als Journalistin gearbeitet, ist Mutter von vier Kindern, hat promoviert und hält Vorträge und Trainings auf der ganzen Welt. Seit sie ihr Einzelunternehmen in die CONSENSUS GmbH umgewandelt hat, widmet sie sich ihrem Lieblingsthema – den Konflikten. Sie schweißt Feuerwehrmänner nach einem harten Einsatz zusammen, bringt Umstrukturierungen in Großkonzernen mit über die Bühne oder berät Iranerinnen dabei, Kontroversen auf neuen Wegen zu klären. Neugier ist ihr Antrieb, nur eine Sache kann sie gar nicht ausstehen. ✦

Was ich aus einem Unfall lernte

Krääääsch. Es war verdammt laut. An viel mehr kann ich mich nicht erinnern, denn ich hatte im Auto geschlafen, als es passierte. Damals war ich erst vier Jahre alt. Auf einmal hörte ich einen ohrenbetäubenden Knall und spürte einen heftigen Stoß, der mich nach vorne schleuderte. Als ich erwachte, lag ich auf der Straße auf dem kalten Asphalt, es war dunkel und es standen lauter Fremde um mich herum, die von oben auf mich herabschauten. Nach diesem Autounfall war meine Hüfte kaputt und ich musste eine Zeit lang im Rollstuhl sitzen und einige Operationen über mich ergehen lassen. Meinen Vater hatte es viel schlimmer getroffen. Er hatte schwerste Gehirnverletzungen, war auf einem Auge blind, konnte nichts mehr riechen und kaum noch laufen. Im Krankenhaus sah ich ihn so das erste Mal und es war ein Schock. Trotzdem empfing er mich mit einem Lächeln auf dem Gesicht. „Wie kannst du nur so gelassen bleiben?", fragte ihn meine Mutter später. In all den Jahren habe ich nie auch nur ein Wort der Klage von ihm gehört. Mein Vater war Schreiner von Beruf und ein sehr positiver Mensch und Überlebenskünstler, den nichts aus der Ruhe bringen konnte. Ich glaube, ich habe seine Resilienz geerbt. Meine Mutter war von ihrer Persönlichkeit das genaue Gegenteil von meinem Vater – ruhig und in sich gekehrt. Sie hat sich viel mehr Sorgen gemacht. Durch den Unfall ist mir bewusst geworden, dass jeder Mensch die Welt aus einer anderen Perspektive sieht. Unsere Persönlichkeit prägt uns, genauso wie unsere Herkunft. Mein Vater stammt aus Ungarn, meine Mutter ist Tschechin, und ich bin mit verschiedenen Sprachen und kulturellen Einflüssen groß geworden. Wahrscheinlich arbeite ich deshalb so gerne mit Menschen unterschiedlicher Nationalitäten zusammen. Es hat mich schon immer fasziniert, wie sehr sich Herangehensweisen, Sichtweisen oder Prioritäten weltweit unterscheiden. Deswegen wollte ich von Anfang an lernen, Menschen besser zu verstehen. ✦

Dann ist es einfach so passiert …

„Wo wollen Sie denn hin?“, fragte mich mein Professor und sah mich fragend an. Schließlich steckte ich mitten in meiner Abschlussprüfung meines Soziologie-, Kommunikations- und Medienwissenschaftsstudiums an der Uni Mannheim. Ich war aufgestanden, um nach draußen zu gehen – zum Stillen. Dort wartete mein Sohn Moritz auf mich. Mit 23 Jahren bin ich Mutter geworden. Dabei hatte ich mir übers Kinderkriegen nie groß Gedanken gemacht. „Hast du Lust, heute Abend zum Babysitten vorbeizukommen?“ Tatsächlich stellte ich meinen Freundinnen solche Fragen. Wie naiv ich damals doch war! Natürlich kam nie jemand. Schließlich war ich weit und breit die Einzige mit Kind, während meine Freundinnen erst 10 Jahre später eine Familie gründeten.

Aber damit hatte ich auch einen entscheidenden Vorteil: Mein Sohn half mir dabei, einen klaren Fokus zu behalten und die richtigen Prioritäten in meinem Leben zu setzen. Was haben sich manche Freundinnen in ihre Abschlussarbeiten hineingesteigert! Bei mir war das anders. Denn schon wenig später war mein zweiter Sohn Leander unterwegs. So hatte ich mit den Geburtsterminen immer eine klare Deadline vor Augen und zog mein Studium in Rekordzeit durch. Nebenher hatte ich angefangen, als freie Journalistin für private Magazine und Radiosender zu arbeiten. Ich interviewte Prominente, etwa für das Starmagazin „RTL Exclusiv“. Hemmungen hatte ich dabei nie – dazu bin ich viel zu neugierig. Statt eines lockeren Studentenlebens war mein Alltag durchgetaktet: Studium, Arbeit und Kinder. Um all das unter einen Hut zu bekommen, holten wir uns Au-pairs ins Haus. Anfangs kosteten sie genauso viel, wie ich verdiente. Doch das war es mir wert! Ich wollte immer auf eigenen Beinen stehen und in der Lage sein, meine Kinder allein zu versorgen. So lernten meine Kinder von klein auf Englisch, und auch ich war so geübt, dass ich Seminare problemlos in dieser Sprache halten konnte. Doch irgendwann funktionierte es nicht mehr zwischen meinem Mann und mir. Unsere Ehe ging in die Brüche und ich stand als Alleinerziehende da. Wie gut, dass ich mein Leben selbst in der Hand hatte! Kaum war ich mit dem Studium fertig, bot sich mir eine einmalige Chance für ein Projekt, das zum größten Learning meines Berufslebens werden sollte. ✦

> *„Die wichtigste Grundlage für Gleichstellung? Dass Frauen arbeiten und ihr eigenes Geld verdienen."*

Der Clash der Kulturen

Keine Anrede, keine Verabschiedung. So locker schrieb ein junger schwedischer Kollege seine Mails. Das kam bei einem Ministerialbeamten aus Ungarn gar nicht gut an. Genauso wenig wie die Scherze eines britischen Partners, die ein finnischer Professor als verletzend empfand. Ich war die Jüngste von allen und die einzige Frau. Als freie Mitarbeiterin war ich an der neu gegründeten Popakademie in Mannheim gelandet und betreute die Musiker:innen als Studiengangsmanagerin. Kurz nach meinem Start kam ein europäisches Projekt auf meinem Tisch. Innerhalb von drei Jahren sollte ich mit Professor:innen und Beamt:innen aus zehn verschiedenen Ländern ein Erasmus-Programm für europäische Musikhochschulen auf die Beine stellen. Doch bevor unser Projekt überhaupt richtig begonnen hatte, war die Stimmung wegen der E-Mails-Fauxpas auf den Gefrierpunkt gesunken. Meine feinen Antennen schlugen Alarm und mir war klar, dass ich sofort etwas tun musste. So berief ich ein Treffen zum Thema „Wie wollen wir miteinander kommunizieren?" ein. Auf einmal war die Hölle los. „Was soll das? Wir sind doch professionell!", empörten sich meine Partner von allen Seiten und sträubten sich mit Händen und Füßen. Sie waren skeptisch, vor allem, weil ich viel jünger war. Doch ich ließ nicht locker, denn ich wusste, wie wichtig eine gute Kommunikation für solch ein großes Projekt war. Nach vielen Gesprächen spürten die Teilnehmer, wie ernst es mir war und dass ich jeden Einzelnen verstehen wollte. Sie fassten Vertrauen und ließen sich auf das

Treffen ein. Am Ende wurde es ein voller Erfolg und wir haben viel gelacht. Für mich war das Projekt ein Meilenstein. Weil ich es klar und straff organisiert habe, fand ich schnell meine Rolle und habe wahnsinnig viel gelernt. Der Großteil meiner Projektpartnerschaften waren politische Institutionen, und ich baute mir ein wertvolles internationales Netzwerk auf. Es folgten Aufträge von Ministerien und Behörden, ich wurde weiterempfohlen, und bald zählten auch Firmen zu meinem Kundenkreis. So entwickelte ich Kommunikationsstrategien für das Auswärtige Amt oder Unternehmen, die Frauen für technische Berufe begeistern wollten oder mit dem Fachkräftemangel zu kämpfen hatten. Nur an einem einzigen Punkt kam ich einfach nicht weiter. ✦

Warum ich Konflikte so liebe

Es waren die Verhandlungen, die mich schließlich an meine Grenzen brachten. Bisher hatte ich mich immer auf meine Intuition verlassen können, wenn es darum ging, Verträge zwischen Behörden und Institutionen auszuhandeln. Doch je größer und internationaler die Projekte wurden, desto kniffliger wurde es. Immer öfter fehlten mir die Methoden, um festgefahrene Positionen zu vereinen. Was konnte ich tun? Ich recherchierte im Netz und stieß auf den berufsbegleitenden Masterstudiengang Mediation an der Fernuni Hagen – und entdeckte meine Passion! Konflikte sind meine absolute Leidenschaft. Ich glaube, dass sie immer etwas Positives haben, auch wenn dies anfangs nicht offensichtlich ist. Natürlich können sie wehtun und Menschen belasten, aber anschließend gibt es immer einen Fortschritt: Prozesse werden angestoßen und Dinge geklärt. Nun hatte ich einen neuen Methodenkoffer für festgefahrene Situationen parat. Viele fragten mich, ob ich privat keinerlei Streit hätte. Tatsächlich versuche ich, sich anbahnende Spannungen rechtzeitig zu erkennen und zu entschärfen. All mein Wissen schützt mich auch nicht davor, dass es mal Streit gibt. In Konfliktsituationen versuche ich, konstruktiv zu bleiben, und wenn mir das nicht gelingt, so merke ich es zumindest schnell. Ich sehe Konflikte immer als Bereicherung, andere Perspektiven kennenzulernen. Auch mein Leben schlug eine neue Richtung ein. Ich hatte meinen zweiten Mann kennengelernt – einen Franzosen. Während meines Mediations-Studiums kamen mein drittes und viertes Kind zur Welt. Mein Mann unterstützte mich sehr. Er war es auch nicht anders gewohnt, denn in Frankreich ist es normal, dass Frauen direkt nach der Geburt wieder arbeiten gehen. Hier in Deutschland hörte ich dagegen das eine oder andere Mal: „Was, du hast vier Kinder und dann arbeitest du?“ Ich ignorierte das und freute mich, dass wir eine interkulturelle Familie geworden waren. Doch beruflich fragte ich mich, wie es wäre, nicht länger als Einzelkämpferin unterwegs zu sein. ✦

> „Konflikte sind für mich Fortschritt: Sie stoßen neue Prozesse an und sorgen dafür, dass Dinge geklärt werden.“

Darum fühle ich mich als Europäerin

Wachstum bietet neue Möglichkeiten, und ich war bereit dazu. So wurde 2014 aus meinem Einzelunternehmen die CONSENSUS GmbH. Ich stellte nur eine Mitarbeiterin ein, nahm aber gemeinsam mit mehr als 20 Mediator:innen und Trainer:innen größere Aufträge an. Wir boten zwei verschiedene Säulen an: Kommunikation, Konfliktklärung und Empowerment sowie Analysen der Mitarbeiterzufriedenheit und Interventionen. In großen Firmen schulten wir Führungskräfte oder analysierten Fehltage und die Gesundheit der Beschäftigten, aber wir halfen auch bei Veränderungsprozessen. Die Zeit, in der unsere jüngste Tochter noch klein war, nutze ich, um abends meine Promotion zu schreiben.
Ich hatte mich an der Uni Hohenheim beworben, um mich in einer experimentellen Studie der Rolle von Emotionen in Verhandlungen und der Mediation zu widmen. Nach zwei Jahren war meine Promotion fertig. Auch meine Firma wuchs: 2017 eröffneten wir unseren CONSENSUS Campus, unsere eigene Mediationsausbildung. Es folgten Standorte in Hamburg, Berlin und München, und drei Jahre später riefen wir mit dem IM-Campus eine internationale Ausbildung für Menschen aus der ganzen Welt ins Leben.
Wenn mich jemand nach meiner Nationalität fragt, sage ich: „Ich

bin Europäerin!“ Die Diversität ist mein Leben. Nicht nur, weil mein Mann Franzose, meine Mutter Tschechin, mein Vater Ungar und meine Schwiegermutter Polin ist, wir im Moment in Italien leben oder meine Kinder vier Sprachen sprechen. Sondern weil ich mich schon immer so gefühlt habe. Selbstreflexion und Feedback haben mir stets geholfen, mich in einem interkulturellen Umfeld zurechtzufinden, mich anzupassen und immer wieder neu auszurichten. Und genau das musste ich tun, als die Pandemie kam. ✦

Ich bin wie ein galoppierendes Pferd

„Wie schaffst du das nur alles?“ Wenn ich mit meinen Freundinnen telefoniere, sind sie manchmal verblüfft. Es stimmt, ich fühle mich selten überfordert. Sogar Corona hat mir in die Karten gespielt. Seit alles online läuft, führe ich meine Firma CONSENSUS von Italien aus und unterrichte an Hochschulen Mediation und Kommunikation. Der Lockdown hat mir Zeit gegeben, mein zweites Buch zu schreiben. Ob ich mehr leiste als andere? Das glaube ich nicht. Es ist vielmehr eine Sache der Prioritäten. Während manche Freundin mehr Wert auf ein schönes Zuhause legt, gehe ich darin auf, immer Neues zu entdecken, zu konzipieren und zu machen. Alles, was ich angehe, tue ich, weil es mir wirklich Spaß macht. Ich unterrichte an Hochschulen, weil ich mich gerne mit jungen Menschen austausche, die eine andere Perspektive haben. Genauso liebe ich es, mit Expert:innen aus der ganzen Welt zusammenzuarbeiten. Ich kann es mir nicht besser vorstellen: das alltägliche Glück mit meiner Familie, meine Arbeit, tolle Menschen in meinem Umfeld, einen großen Freundeskreis und die Möglichkeiten, mich ständig weiterzubilden. Wenn ich doch mal eine Pause brauche, fahren wir nach Frankreich an den Atlantik. Dort komme ich zur Ruhe und kann wieder auftanken. Zum Glück ist Mediatorin ein Beruf, den ich bis ins hohe Alter ausüben kann. Denn es gibt nur eine einzige Sache, vor der ich wirklich Angst habe: vor Stillstand. Deshalb warte ich ungeduldig auf das vollautonome Fahren, denn ich möchte auch im Alter noch überall hinkommen und niemals auf der Stelle treten. ✦

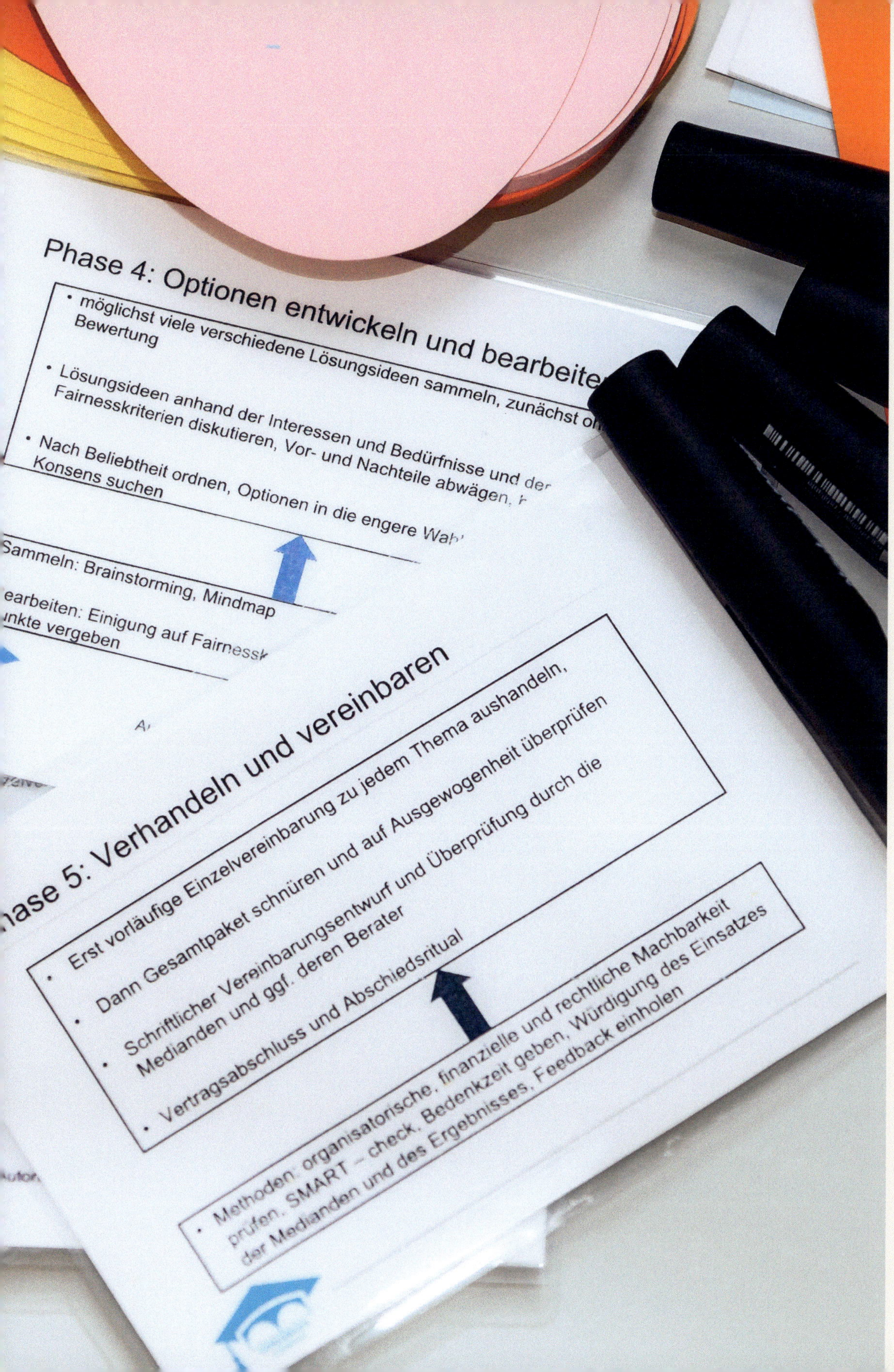

„Ich möchte andere ermächtigen, ihre Konflikte selbst zu lösen!"

Steckbrief

Dr. Andrea Hartmann-Piraudeau

Unternehmen:	CONSENSUS GmbH
Geburtsjahr:	1976
Kinder:	3 Söhne, 1 Tochter
Gründung:	1998 als Einzelunternehmen, 2014 als GmbH
Branche:	Aus- und Weiterbildung, Organisationsberatung und Mediation
Anzahl Beschäftigter:	4 Festangestellte und mehr als 20 freie Studiengangsleiter:innen, Dozent:innen und Mediator:innen
Uni-Abschluss:	Mag. phil. der Kommunikation- und Medienwissenschaften (Uni Mannheim) Master in Mediation (Fernuni Hagen) Promotion Dr. oec. (Uni Hohenheim)
Homepage:	www.consensus-group.de www.consensus-campus.de www.im-campus.com www.in-medias.eu

Das empfehle ich Gründerinnen

Meine Tipps:

1 Fehler zu machen, dankbar dafür zu sein und daraus zu lernen.

2 Projekte zu starten, wenn sie zu 70 Prozent durchdacht sind und die letzten 30 Prozent on the go und agil zu erledigen.

3 Sich nicht von Wettbewerbsanalysen bremsen lassen. Wenn du für etwas brennst, wird es seinen Weg finden.

Bücher:

von Andrea Hartmann-Piraudeau

- „Raus aus der Konfliktspirale“ (Springer-Verlag)
- „Mediatoren in der Hauptrolle – Mediation verstehen und aktiv steuern“ (Springer-Verlag 2020)

Gründen im Doppelpack

So klappt es mit der besten Freundin

Amelie Vermeer und Julia Piechotta – Spoontainable GmbH

Film über Spoontainable GmbH anschauen

„Ich glaube, wenn wir vor fünf Jahren gegründet hätten, wären wir kläglich gescheitert!

Das Timing ist unglaublich wichtig.“

Amelie Vermeer (links) und Julia Piechotta (rechts)

Schritte, Stimmen, ein Gewimmel aus Bachelor-Studierenden vor dem Schloss. Die Campus-Rallye der Wirtschaftswissenschaftler:innen an der Uni Hohenheim begann unspektakulär. Doch hier nahm alles seinen Lauf. Amelie Vermeer und Julia Piechotta lernten sich kennen und fuhren gemeinsam in einen Asien-Urlaub, der sie zusammenschweißte.

Wer eine ganze Nacht zu zweit in einem engen Zugabteil in Vietnam verbringt und morgens um vier völlig durchnässt auf einem Moped durch Kambodscha pest, weiß, mit wem er etwas auf die Beine stellen kann. Da kam das Studentenprojekt der Initiative Enactus Deutschland gerade recht. Die Aufgabe: ein Plastikprodukt aus dem Alltag zu ersetzen. Nur welches? Beim Eisessen kam Amelie Vermeer, Julia Piechotta und ihrem Team die zündende Idee. Wie verschwenderisch Plastikeislöffel doch sind! Sie landen im Schnitt nach nur vier Minuten im Müll.

Also beschlossen die Studentinnen, essbare Eislöffel aus Lebensmittelabfällen zu entwickeln. Bald lief der Backofen in der WG-Küche auf Hochtouren, und zwei Monate später hielt das Team einen veganen Löffel aus Kakaofasern in der Hand – der als essbarer Eislöffel die Welt erobern sollte. Was dann folgte, hätten sich Amelie Vermeer und Julia Piechotta im Leben nicht träumen lassen: Patentanmeldung, Gründung, Fernsehauftritt. Nur ein Jahr später knackten sie mit ihrem Unternehmen Spoontainable die Million an verkauften Eislöffeln.

Und dass, obwohl sie die wichtigste Warnung in den Wind schlugen: Gründe niemals mit der besten Freundin. ✦

Warum Julia beschloss, ihr Leben selbst in die Hand zu nehmen

Womöglich war es das Geigespielen. In der Pubertät fühlten sich die Übungsstunden so zäh an wie Kaugummi. Trotzdem bin ich drangeblieben, habe geübt und weiter im Orchester gespielt. Das hat mich vor allem eines gelehrt: durchzuhalten, auch wenn es schwer wird. Worauf ich hinauswill? Nicht immer wissen wir, wofür etwas gut ist. Damals habe ich nicht mal im Traum daran gedacht, später ein Unternehmen zu gründen. Im Gegenteil. Ich bin in Mannheim geboren und dann in die hessische Provinz gezogen – nach Bürstadt. Als Teenagerin stellte ich mir vor, einmal in einer großen Firma zu arbeiten. Weit weg von der Provinz. Deshalb habe ich nach dem Abitur Wirtschaftswissenschaften studiert. Ich wollte die Chance nutzen, die meine Eltern mir gegeben haben. Sie sind damals ohne Sprachkenntnisse von Polen nach Deutschland gekommen und haben sich hier ein neues Leben aufgebaut. Das war nicht leicht, vor allem für meine Mutter. Als Kürschnerin, die Kleidungsstücke aus Pelz bearbeitet, hatte sie hier keine Zukunftsperspektive und musste umschulen. Aber sie hat niemals aufgegeben. Darum hat mich wohl der Ehrgeiz gepackt, mein Leben selbst in die Hand zu nehmen. Obwohl alles ganz anders kam, als ich es mir ausgemalt hatte. Ohne Amelie hätte ich nie gegründet. ✦

Die wichtigste Lektion von Amelies Vater

„Oje, hoffentlich komm ich nicht dran“, habe ich in der Schule immer gedacht. Jedes Mal, wenn ich am Heidelberger Gymnasium sah, wie der Lehrer seine Augen durch die Reihen schweifen ließ, hat sich mein Magen zusammengekrampft. Ich bin innerlich fast gestorben. Vor der ganzen Klasse zu sprechen, war ein Alptraum! Manchmal wundere ich mich selbst, dass ich heute ohne mit der Wimper zu zucken vor 700 Leuten reden kann.
Mir wurde erst später bewusst, welch wichtige Lektion mir mein Vater auf seinen Geschäftsreisen beigebracht hat. Er ist Inhaber einer Unternehmensberatung für asiatische Märkte. Weil er selbst indische Wurzeln hat, waren wir oft in Indien und China unterwegs. Einmal schlenderten wir in Peking über den Markt und wollten ein Souvenir kaufen. Ich habe das Preisschild gesehen, aber mein Vater dachte gar nicht daran, einfach so zu bezahlen. Stattdessen hat er angefangen zu handeln.
Das tat er überall – sogar beim Taxifahren. So ist mir das Verhandeln in Fleisch und Blut übergegangen. Erst später habe ich gemerkt, dass das in Deutschland nicht selbstverständlich ist. Allerdings hatte ich keinen blassen Schimmer davon, wie wichtig das für mich werden würde. ✦

„Wettbewerbe sind die beste Möglichkeit, um bekannter zu werden.“

Wie wir zu unserem Start-up kamen, weil wir unser Ziel verfehlten

Wo lang geht´s zum Schloss? So oder so ähnlich fing es an. Wir waren die beiden einzigen Masterstudentinnen, die an der Campus-Rallye für Bachelor-Studierende der Wirtschaftswissenschaften teilnahmen. Für den Master gab es keine Einführung. Als wir zwei uns fanden, hat es Klick gemacht.
Wir haben uns abgesetzt und sind etwas essen gegangen – das war der Beginn unserer Freundschaft. Von da an nahm alles seinen Lauf. Gemeinsam traten wir in die internationale studentische Non-Profit-Initiative Enactus ein. Sie hilft Studierenden, ökonomische, soziale oder ökologische Projekte ins Leben zu rufen und gesellschaftliche Verantwortung zu übernehmen. Nachhaltige Plastikalternativen für den Alltag finden – das hat uns sofort angesprochen. Schwupps waren wir mit zwei Lebensmittelwissenschaftlerinnen im Team. Es war Sommer und die Eisdiele rief förmlich nach uns. Vier Eisbecher, vier Plastiklöffel und vier betroffene Blicke später hatten wir die zündende Idee: Wie wäre es, einen essbaren Eislöffel zu entwickeln? Nichts ist so verschwenderisch wie ein Plastikeislöffel. Den passenden Unternehmensnamen hatten wir ebenfalls parat: „Spoontainable", eine Mischung aus „Spoon" (Löffel) und „sustainable" (nachhaltig).
Doch womit sollten wir die Eislöffel ersetzen? Glücklicherweise hatten unsere Mitstreiterinnen in einer Vorlesung etwas gehört. Sie wussten, dass in der Lebensmittelherstellung viele Fasern im Abfall landen. Zum Beispiel in der Schokoladenproduktion. So entstand die Idee, Faser-Reststoffe weiter zu verwenden. Wir probierten es mit Kakaofasern. Viele Wochen Trial and Error, einen Backofen im Dauerbetrieb und Hunderte gescheiterte Backversuche später war es so weit: Wir hielten unseren ersten Prototypen in der Hand. Im Eifer des Gefechts hatten wir nicht bemerkt, dass wir uns von den Enactus-Kriterien entfernt hatten. Eigentlich sollte jedes Projekt sozial benachteiligten Menschen helfen. Was nun? Nach all der Arbeit wollten wir schlichtweg nicht aufhören.
So reichten wir zu viert das Patent für den ersten essbaren, veganen und glutenfreien Eislöffel der Welt ein und beschlossen, unser eigenes Unternehmen zu gründen. Doch welche Unternehmensform war die richtige? Schnell stand fest, dass eine Gründung als Einzelunternehmen nicht in Frage kam – die Produkthaftung war ein zu hohes Risiko. Wir wählten die Unternehmergesellschaft (UG) und machten einen Termin beim Notar. Dorthin gingen wir aber nur noch zu dritt, mit Anja Wildermuth. Beide Mitstreiterinnen stiegen letztendlich aus, und wir bauten das Unternehmen zu zweit auf. So kam es, dass wir das taten, von dem uns jeder abgeraten hatte:
Wir gründeten als beste Freundinnen.

Warum wir die eindringlichste Warnung in den Wind schlugen

Klar, manchmal fliegen die Fetzen. Das bleibt nicht aus. Aber es ist Gold wert, nicht allein zu sein. Vor allem, wenn etwas schiefgeht. Das haben wir bei unserem ersten Pitch, der Präsentation unserer Start-up-Idee, erlebt. Es war der Start-up BW Elevator Pitch Regional Cup Böblingen. Wir waren so aufgeregt! Prompt schlich sich ein Fehler in unseren Text. Zum Glück haben die Zuschauer:innen das gar nicht gemerkt, und wir haben einfach weitergemacht. Mit jedem Auftritt haben wir mehr Übung bekommen. Aber das heißt nicht, dass immer alles glatt lief. Beim WIWIN AWARD in Berlin ging es um eine Investition von 500.000 Euro. Wir kamen mit einem ganz schlechten Gefühl von der Bühne und dachten nur: „Nee, die anderen sind so viel besser als wir. Das gewinnen wir niemals." Doch als das Siegerteam gekürt wurde, fiel auf einmal unser Name – wir konnten es erst gar nicht fassen! Abends saßen wir beide heulend im Bett und waren so froh, das alles nicht allein durchstehen zu müssen. Den Preis haben wir später sogar abgelehnt, weil das Investitionsangebot für uns nicht passte. Bei solchen Entscheidungen ist es gut, sich auszutauschen. Das Unternehmertum ist ein ewiges Auf und Ab. Unser Motto lautet: Egal, was tagsüber war, abends entspannen wir gemeinsam. Anfangs war es nicht immer leicht, aber mittlerweile bekommen wir das gut hin. So gut, dass wir zwei Minuten nach einem Streit in einem Interview absolut professionell wirken. Wir haben gelernt, unsere Emotionen abzuschalten und uns am Riemen zu reißen. Sonst zweifelt die Kundschaft und das darf nicht sein. Unsere große Stärke ist, dass wir uns so perfekt ergänzen wie Yin und Yang: Julia ist die selbstbewusste Innenministerin, die sich alles zu sagen traut und obendrein mal streng mit Kund:innen oder Partner:innen sein kann. Mit ihrer kreativen Ader übernimmt sie alles rund ums Marketing und unser Branding. Amelie ist die diplomatische Außenministerin, die genug Geduld für schwierige Kundschaft hat und langfristige Beziehungen aufbaut. Deshalb war es für uns als Freundinnen genau die richtige Entscheidung, zu gründen – egal, was all die Profis da draußen sagen. ✦

„Wir sehen das Thema Female Founder kritisch.

Die Persönlichkeit ist das Wichtigste, und wer es schaffen möchte, wird es schaffen, unabhängig vom Geschlecht."

Das war unsere Geheimwaffe

Was für ein Sommer. Zeit hatten wir keine mehr. Während unsere Freunde draußen am See lagen, haben wir bis in die Puppen gearbeitet. Puh! Wir ahnten ja nicht, wie viel Arbeit es ist, ein Start-up neben dem Studium aufzubauen. Privatleben? Fehlanzeige! Irgendwann hatten wir selbst für unseren Master-Abschluss kaum noch Zeit, haben ihn aber dennoch geschafft. Natürlich war uns bewusst, dass die meisten Start-ups in den ersten drei Jahren scheitern. Doch für uns stand fest, dass wir es auf jeden Fall probieren. Mit unserer Geheimwaffe: Wir haben uns immer getraut zu fragen. Brauchen wir eine Gewerbeanmeldung? Welche Vorschriften gelten beim Bundesinstitut für Risikobewertung? Was erwartet der Zoll von uns? Nie haben wir uns davor gescheut, zum Telefonhörer zu greifen oder eine Mail zu schreiben. Wir haben alle unsere Kontakte genutzt. Jeden, der uns auf Messen seine Hilfe angeboten hat. Schließlich hatten wir nichts zu verlieren. Oft haben wir uns gesagt: Wenn wir wieder einpacken müssen, haben wir trotzdem eine Menge gelernt. Es wurde ein turbulentes Jahr. Amelie hat als Hiwi am Entrepreneurship-Lehrstuhl von Prof. Dr. Andreas Kuckertz in Hohenheim gearbeitet und Julia im Marketing der Börse Stuttgart. Dann gingen wir beide für ein Semester ins Ausland und haben „Spoontainable" über drei Länder hinweg betreut. War das anstrengend! Dabei haben wir vor allem eines gelernt: gutes Zeitmanagement. An manchen Tagen haben wir uns gefragt: „Warum machen wir das eigentlich?" All die Momente, in denen Kund:innen mit den Worten „kein Interesse" auflegten. All die Wochenenden, die wir durchgearbeitet haben. All das Geld, das in die Ausgaben

geflossen ist, sodass wir uns kein Gehalt auszahlen konnten. Es gab so viele Tiefpunkte. Hätten wir uns gegenseitig nicht gehabt, wären wir in vielen Situationen verzweifelt. So aber machten wir weiter – und die kleinen Erfolgsmomente entschädigten für alles. Langsam kam die Sache ins Rollen. ✦

> Amelie:
> Anfangs waren Geld und Zeit unsere größten Probleme.

So kamen wir in zahlreiche Medien

Es war wie eine Lawine. Angefangen hat es mit dem Uni-Newsletter, der über unsere Crowdfunding-Kampagne berichtete. Auf einmal wurde das SWR Radio auf uns aufmerksam. Sie haben uns interviewt und der Radiobeitrag wirkte wie ein angetippter Domino-Stein. Kurz darauf prasselten die Presseanfragen nur so auf uns ein. Erst kamen die Zeitungen, dann fragte das Fernsehen bei uns an – Galileo, das ProSieben Wissensmagazin. „Wow!", dachten wir nur und haben uns wahnsinnig gefreut. Obwohl es etwas peinlich war, dass Amelie in einem roten Kittel und Haarnetz auftreten sollte. Schließlich wussten wir, dass zwei Millionen Leute zusehen. Doch dafür waren wir bei Galileo – wen interessiert später noch die Frisur? Wenn wir zurückschauen, waren die Messen mit ihren Preisen für uns am wichtigsten, um bekannter zu werden. Denn Medien berichten gerne über Preisträger:innen. Wir wissen gar nicht mehr, an wie vielen Wettbewerben, Accelerator-Programmen und Pitches wir teilgenommen haben, um Aufmerksamkeit zu gewinnen. Dafür haben wir alles gegeben. Monatelang haben wir in jeder Stadt, in die wir kamen, die Eisdielen abgeklappert und unsere Löffel auf die Theke gelegt. Anfangs haben wir uns als Start-up vorgestellt und wurden nicht immer ernst genommen. Erst als wir uns ein junges Unternehmen nannten, hat die Kommunikation besser funktioniert. Wir haben mit unseren Löffeln wohl den perfekten Zeitpunkt erwischt und einen Nerv getroffen. Die Plastik-Problematik war zu dem Zeitpunkt in allen Köpfen und das hat uns beim Crowdfunding sehr geholfen. Schließlich brauchten wir Kundschaft, die bereit war, auf Vorkasse zu bezahlen. Uns fehlte nur noch die Produktion. ✦

Wie wir den besten Produzenten der Welt fanden

Ein Anruf änderte alles. Dabei waren wir zu diesem Zeitpunkt ziemlich verzweifelt. Wir hatten bereits sämtliche Bäckereien durchtelefoniert, denn grundsätzlich ist unser Löffel ja ein Keks. Die meisten waren jedoch skeptisch gegenüber einem Start-up. Das finanzielle Risiko war ihnen zu groß oder sie nahmen uns nicht für voll. Es hagelte eine Absage nach der anderen. Oje, was sollten wir tun? Nach der Recherche fassten wir einen Entschluss. Es gab nichts mehr zu verlieren, also beschlossen wir, die Großen anzurufen. Einer davon war der größte Produzent von Backwaren in Deutschland: Coppenrath Feingebäck, die ehemalige Schwesterfirma von Coppenrath & Wiese. Ein paar Tage später waren wir im Auto zu einer Messe unterwegs, als Amelies Telefon klingelte. Der Mann am anderen Ende stellte sich mit Coppenrath vor. Es dauerte einen Moment, bis uns klar wurde, dass

es Andreas Coppenrath, der Inhaber selbst, war. Krass! Wir konnten es kaum glauben, dass er uns persönlich zurückrief und nicht etwa seine Sekretärin. Kurze Zeit später hatten wir einen Termin mit ihm. Wir fuhren nach Geeste und stellten ihm unsere Löffel vor. Gleich der erste Eindruck war positiv! Andreas Coppenrath wollte uns von Anfang an helfen. Er hat uns direkt nach dem Gespräch in seine Produktionslinie aufgenommen und uns einen Mitarbeiter an die Seite gestellt, um unser Spoonie-Rezept an seine Maschinen anzupassen. Wow, was für ein super sympathischer, richtig toller Partner! Seitdem ist er unser Produzent und der Beste, den wir hätten finden können. Was würde als Nächstes kommen? ✦

Unser Weg zur Million

Der Lebensmittelmarkt in Deutschland ist so hart umkämpft wie eine Olympia-Teilnahme. Newcomer:innen haben es schwer. Trotzdem haben wir nach unserem Master-Abschluss entschieden, uns Vollzeit in unser Unternehmen zu stürzen. Im Januar 2019 erblickte unser erster professionell produzierter Spoonie das Licht der Welt, und wir lieferten ihn an unsere Crowdfunding-Kundschaft aus. „Wow, krass. Jetzt ist unser Produkt, an dem wir mehrere Monate gearbeitet haben, tatsächlich auf dem Markt.“ Das war ein tolles Gefühl. Dennoch mussten wir von sehr wenig Geld leben. Wir brauchten einen höheren Absatz und begannen, Eisdiele um Eisdiele persönlich abzuklappern. Es war eine Fleißarbeit, vor allem weil wir merkten, wie intensiv eine Betreuung in der Gastronomie ist. Eine neue Strategie war nötig – wir nahmen die Handelsketten ins Visier. Ein uns bekannter Händler z.B. beliefert täglich Hunderte Eisdielen mit Waffeln, Milch und Eis. Uns war klar: Wenn wir es schaffen würden,

uns von ihm listen zu lassen, würde uns das viel Zeit und Arbeit ersparen. Doch das war leichter gesagt als getan. Irgendwann hing Amelie nur noch am Telefon oder fuhr von einem Termin zum anderen. Es hat lange gedauert, bis wir überhaupt in den Vertriebsbereich vorgelassen wurden. Erst Monate später, nach vielen Gesprächen, durften wir unsere Proben und Produktspezifikationen, die gesetzlich vorgeschriebenen Lebensmittelinformationen für den Vertrieb von Produkten, einschicken. Dann ging es zur Sache. Wir mussten verhandeln! Dabei hat sich Amelies Talent so richtig ausgezahlt. Sie war rigoros. Es ging nicht immer nur um den Preis, sondern viele Händler:innen wollten zusätzliche Leistungen vereinbaren. Doch am Ende hat sich unsere Hartnäckigkeit gelohnt. Mit den Umsätzen konnten wir unsere Kosten decken – für uns blieb allerdings nichts übrig. Aber dafür haben wir schon im ersten Jahr eine Million Löffel mit einem Umsatz von 76.000 Euro verkauft. Darauf haben wir natürlich mit Sekt angestoßen! ✦

Warum es nervt, über das Thema „Female Founder" zu sprechen

Klar gab es diese Situationen. Vor allem auf Messen. Wenn Händler auf uns zukamen und fragten: „Kann ich mal mit deinem Chef sprechen?" Sie haben uns als Promoter-Damen abgestempelt. Umso schöner war das Gefühl, antworten zu können: „Sie können gerne mit mir sprechen. Es ist mein Unternehmen!" Auf der anderen Seite haben wir viele positive Erfahrungen gemacht. Als Gründerinnen stachen wir bei vielen Wettbewerben heraus, weil bei den Pitches eben doch mehr Männer teilnahmen. Mittlerweile nervt es uns, auf das Thema angesprochen zu werden. Fakt ist: Ob jemand als Entrepreneur:in erfolgreich ist, hat nichts mit dem Geschlecht zu tun. Es ist ein Lebensstil, für den man sich entscheiden muss. Wer es schaffen möchte, wird das tun. Für uns hatte es genauso viele Vor- wie Nachteile, als Frauen zu gründen. Anfangs dachten wir, dass Männer in manchen Dingen besser wären – zum Beispiel im Vertrieb. Aber das stimmt nicht. Wir haben gemerkt, dass Verkaufen jeder lernen kann. Natürlich muss Amelie an einem Vertriebstag damit rechnen, fünf- bis sechsmal angeschnauzt zu werden – und das auch wegstecken können, ohne es persönlich zu nehmen. Aber das ist reine Übungssache. Es gibt wirklich nur ein Thema, das wir aktuell zurückstellen müssen – eine eigene Familie. Wir gehen morgens um 7.30 Uhr aus dem Haus und kommen abends selten vor 21 Uhr nach Hause. Fast jedes Wochenende sind wir auf Messen. Monatelange Babypausen sind nicht drin. Es ist ja nicht so, dass wir nie Familie haben können. Doch in den nächsten zwei bis drei Jahren steht es nicht zur Debatte. Der Aufbau von „Spoontainable" geht erst einmal vor – also reden wir darüber. ✦

Wie wir haarscharf einer Blamage entgangen sind

„Sag mal Amelie, haben wir nicht etwas vergessen?" An diesem Tag passierte etwas, mit dem keine von uns gerechnet hat. Eigentlich waren wir zu diesem Zeitpunkt schon ein eingespieltes Team. Nach all den Pitch-Auftritten, die wir hinter uns hatten. Doch als unser Messestand aufgebaut war und der Auftritt bevorstand, fiel uns auf einmal siedend heiß ein, dass etwas fehlte. Nämlich unsere Eislöffel! Was für ein Schreck! Ein Pitch ohne Produkt? Für einen kurzen Moment haben unsere Herzen ausgesetzt. Dann hat sich Julia schnell auf den Weg gemacht und ist noch einmal nach Hause gefahren, um die Spoonies zu holen. Amelie hielt derweil die Kundschaft am Messestand hin. Schließlich begann der Pitch und Amelie wurde es heiß und kalt. Julia war noch nicht zurück. Zum Glück waren wir nicht als Erste an der Reihe. Gerade noch rechtzeitig traf Julia mit den Eislöffeln ein. Nach all der Aufregung hörten wir bei der Siegerverkündigung gar nicht richtig hin. Doch auf einmal wurden wir als Gewinnerinnen aufgerufen! Was für eine Überraschung! Da wussten wir: Egal was schief geht, wir schaffen es trotzdem. Das war eines unserer wichtigsten Learnings. Und es gingen noch eine Menge Dinge schief. Einmal wurde unser ganzer Pitch auf Youtube online gestellt, obwohl wir unseren Text vergessen hatten. Wie peinlich! Heute stehen wir darüber und nehmen es mit Humor. Schließlich hat jeder mal einen schlechten Tag. Aber im ersten Moment war es ein Schock. Mittlerweile gibt es sehr viele Videos und Fotos von uns, die wir niemals gepostet hätten. Es hilft daran zu denken, dass niemand immer nur gut aussieht. Stolpersteine gab es aber nicht nur auf der Bühne. Eines Tages klingelte unser Telefon und ein erboster Eisdielenbesitzer war dran. All unsere Löffel waren zerbrochen bei ihm angekommen. Wir dachten nur: „Oh je, was machen wir jetzt?" Wir haben uns schließlich geeinigt und sind dann komplett auf Palettenversand umgestiegen. Als Unternehmerin muss man Lösungen finden. Fast jeden Tag gibt es schlechte Nachrichten, die einen runterziehen. Wenn ein potenzieller Kunde sagt, dass eine Kooperation nicht zustande kommt, weil unser Produkt nicht überzeugt hat, ist das wie ein Schlag ins Gesicht. Oft kommt dann aber ein paar Tage später eine Email, in der eine Kundin eine riesige Bestellung aufgibt. Es ist eine Achterbahn der Gefühle!

Wir wären wohl schon weiter gewesen, wenn uns nicht Corona einen Strich durch die Rechnung gemacht hätte. ✦

Was uns Corona gelehrt hat

Nun sollte es losgehen. Mit Vollgas auf die Überholspur. Wir wollten wachsen, den EU-weiten Handel angehen und eine Investorenrunde abschließen. Doch daraus wurde nichts. Das bekamen wir nach unserem Umzug zu spüren. Stuttgart war nicht unser Ding. All unsere Freunde zogen wieder weg, und wir beschlossen, dass auch uns ein Ortswechsel guttun würde. Nur wohin sollte es gehen? Wir nahmen eine Deutschlandkarte zur Hand und schrieben alle interessanten Städte auf. Berlin ist ein Start-up-Hub, aber dort geht man schnell unter. Hamburg ist eine tolle Stadt, aber dort fehlte uns das Netzwerk. München liegt auch nicht gerade zentral.

So wurde es Heidelberg. Dort wohnen nicht nur unsere Familien, sondern wir waren in Heidelberg obendrein gut vernetzt. Und es ist eine wunderschöne Stadt. Doch dann kam Corona. Alle Eisdielen mussten schließen, die Bestellungen blieben aus, und unsere Einkünfte brachen ein. Die traurige Wahrheit: Auf einmal mussten wir uns nach einem Nebenjob umsehen. Den fanden wir über einen Kontakt an der Uni Heidelberg. Dort sind wir nun externe Projektleiterinnen in der Transfer-Agentur „hei_INNOVATION" und halten sogar Vorlesungen über Entrepreneurship. Es kommt uns sehr entgegen, dass wir fast alles remote erledigen können. Das heißt: Wir geben unser Wissen an junge Gründer:innen weiter. Hochschullehrende denken nicht immer an die kleinen Dinge, auf die es als Selbstständige ankommt, etwa sich rechtzeitig seine Domain zu sichern. Es ist ein schönes Gefühl, dabei zu helfen, in der Rhein-Neckar-Region ein Start-up-Netzwerk aufzubauen. Durch Corona mussten wir einen anderen Weg einschlagen und konnten nicht so wachsen, wie geplant. Aber aufgeben kam für uns nicht in Frage. ✦

Wie wir ins Sortiment von Aldi kamen

Kein Scherz: Wir haben im COVID-19 Jahr gefeiert! Am 12. Juli 2020 sind wir zwei Jahre alt geworden. Trotz Corona haben wir im Sommer unser erstes Personal eingestellt. Denn mit den Löffeln ist längst nicht Schluss. Künftig wollen wir eine breite Palette an Plastikalternativen anbieten. Deshalb entwickelt unsere Lebensmitteltechnikerin neue Produkte und Rezeptvariationen. So weit so gut. Doch nach den Lockdowns war klar, dass wir vorerst keinen Verkauf in anderen Ländern in Angriff nehmen konnten. Also bewarben wir uns bei einem Accelerator, einem Wachstumsprogramm, bei dem Coaches die ausgewählten Start-ups auf eine Risikokapitalrunde und eine Kooperation mit einem großen Unternehmen wie Aldi, Festo oder dem ADAC vorbereiten. Anfangs dachten wir, das TechFounders-Programm in München wäre nur ein Wettbewerb für Tech-Start-ups, die sich mit Industrie 4.0, Robotics oder Mobilität beschäftigen. Bis wir erfuhren, dass es auch um Nachhaltigkeit geht.
So bewarben wir uns und traten schließlich gegen 400 Start-ups an. Was für eine Konkurrenz! Wir haben in jeder Runde Blut und Wasser geschwitzt, aber am Ende waren wir Gewinnerinnen! Seitdem haben wir mit Aldi-Süd eine Kooperation und wir verkaufen unsere Spoonies gemeinsam mit dem veganen Schokodessert von „Made with Luve". Mit Aldi zu arbeiten ist nochmal eine ganz neue Liga. Am Anfang hatten wir viel Respekt, aber die Kommunikation funktionierte super und alle Ansprechpersonen waren sehr nett. Nur die Kundschaft ist oftmals zum Haareraufen! Bei manchen Fragen konnten wir nur den Kopf schütteln: Kann man eure Löffel wiederverwenden? Sind die spülmaschinenfest? Um Himmels willen, das ist ein essbarer Löffel! Es gab viel Kritik, aber dafür ging unser Instagram-Traffic steil nach oben. Eines ist uns mit Aldi noch einmal bewusst geworden: Wie lange es in großen Konzernen dauert, bis Entscheidungen fallen. Schrecklich! Wir als Gründerinnen sind das nicht mehr gewohnt. Oft müssen tausende Prozesse angestoßen werden, und es gibt viele Regeln. Nix für uns.
Der Haken: Heutzutage ist es sehr unwahrscheinlich, ein Unternehmen zu einer großen Firma zu entwickeln. Also wie geht es weiter? Julia könnte sich vorstellen, später einmal für eine Nichtregierungsorganisation zu arbeiten, Amelie denkt manchmal daran, doch die

Firma ihres Dads zu übernehmen. Wir werden sehen, was die Zukunft bringt. Im Moment sind wir aber mit vollem Herzen dabei. Vor allem, weil es uns wichtig ist, einen Sinn hinter dem zu sehen, was wir tun. Mit unseren Eislöffeln werden wir die Welt nicht retten. Aber wir können beweisen, dass man auch mit kleinen Dingen etwas anstoßen kann. Es fängt beim Eislöffel an und wenn wir es schaffen, im Kleinen etwas zu tun, dann können wir auch im Großen etwas verändern. Jetzt, Ende 2021, schließen wir unsere erste essbare Eislöffel-Runde ab, liefern in 5 Länder und haben inzwischen ein 10-köpfiges Team. ✦

Steckbrief

Amelie Vermeer und Julia Piechotta

Unternehmen:	Spoontainable GmbH
Geburtsjahr:	Amelie 1995, Julia 1994
Kinder:	keine
Gründung:	2018
Branche:	Food
Anzahl Beschäftigter:	10
Uni-Abschluss:	Amelie: Bachelor of Arts in Wirtschaftspsychologie (SRH Hochschule Heidelberg) Master of Science in Management (Uni Hohenheim) Julia: Bachelor of Science in Wirtschaftspädagogik (Uni Frankfurt) Master of Science in Management (Uni Hohenheim)
Homepage:	spoontainable.com

Das empfehlen wir Gründerinnen

Messen & Netzwerke:

- Start-up Elevator Pitch Baden-Württemberg
- Food Innovation Camp in Hamburg
- GASTRO-VISION
- Businesswochen für die Region Böblingen
- Internationale Grüne Woche in Berlin
- EIT Food

Förderprogramme:

- Studentische Non-Profit-Initiative Enactus als Einstieg in die Gründung
- EXIST-Gründerstipendium vom BMWi
- TechFounders Accellerator Programm (mehrmonatiges Förderprogramm mit Partnern wie Datev, Aldi, Miele oder dem ADAC)

Unsere Tipps:

1 Fragt eure Eltern, den Freundeskreis oder Personen aus Netzwerken nach einer guten Steuer -und Rechtsberatung. Bei mancher gibt es einen Starter-Bonus.

2 Nehmt an möglichst vielen Wettbewerben und Accellerator-Programmen teil. Feedback ist Gold wert und ihr knüpft viele Kontakte.

3 Habt keine Angst, dass jemand eure Idee klaut. Haltet nicht hinterm Berg, sondern erzählt jedem von eurem Produkt.
Ihr müsst bekannt werden, und wer nimmt sich schon die Zeit, etwas nachzuahmen.

Drehende Bäume an Häuserwänden

Die Visionärin für die grüne Stadt der Zukunft

Dr. Alina Schick – Visioverdis GmbH

„Natur und Technik sind kein Widerspruch, für mich bilden sie eine wunderbare Symbiose.“

Alina Schick wollte schon früh hoch hinaus. Der Weltraum und die Schwerelosigkeit faszinierten sie so sehr, dass sie in jungen Jahren am liebsten Astronautin geworden wäre.
Als Studentin nahm sie an Parabelflügen teil und überlegte, wie man auf der ISS Pflanzen kultivieren könnte: Natur im All – mithilfe der Technik. Doch es kam anders. Alina Schick blieb auf dem Boden der Tatsachen und trotzte der Schwerkraft auf der Erde. Als Botanikerin ließ sie mit ihrer Entwicklung „Gravi-Plant" Bäumchen an Gebäudefassaden wachsen – und zwar horizontal. Ihre Vision von grünen Städten geht sogar noch einen Schritt weiter. Mit ihrem Konzept „Skyfey" will sie ganze Gebäude zu Selbstversorgern machen. Alina Schick träumt von einer neuen Art des Wohnens, bei der botanische Systeme die Luftfilterung, Kühlung, Schall dämmung, Sauerstoff- und Nahrungsproduktion übernehmen und unsere Städte sauberer und grüner machen. ✦

Die Qual der Wahl

Eine Zeit lang überlegte ich zum Anfang meiner Berufsfindung, ob Schreinerin der passende Beruf für mich ist. Ich liebe den Werkstoff Holz und etwas mit seinen eigenen Händen zu erschaffen ist ein tolles Gefühl. Meine Eltern haben mir von Anfang an beigebracht und vorgelebt, dass ich meinen eigenen Weg finden soll. Doch wenn man viele Freiheiten hat, ist es manchmal schwer zu entscheiden. Meine zwei Brüder und ich sind auf einem alten Bauernhof aufgewachsen und wir hatten viele Tiere: Pferde, Hunde, Katzen und einige mehr. Meine Stiefmutter gab mir die Liebe zur Gestaltung von Wohnräumen mit, und mein Vater zeigte mir als Zoologe die Schönheit der Natur. Von ihm habe ich gelernt, genau zu beobachten, aber auch, wie ich mit Bohrmaschine, Hammer oder dem Sicherungskasten umgehe. Die Technische Fachoberschule war für mich ein erster Schritt der Selbstfindung. Meine Unabhängigkeit und Freiheit waren wichtig für mich – und ich hatte viele Interessen: Astronomie, Biologie, Archäologie, Architektur, das Handwerk und fremde Kulturen. Um herauszufinden, was das Richtige für mich ist, probierte ich einiges aus: ein halbjähriges Praktikum auf dem Bau, die Arbeit in der Schreinerei während meiner Ausbildung an der Technischen Fachoberschule, Reisen und Auslandsaufenthalte in Australien, Amerika und Europa und Jobs in Laboren, Werkstätten und gemeinnützigen Organisationen. Irgendwann fiel die Entscheidung. Ich machte mein Abitur und schrieb mich an der Uni Bonn ein, um in die Fußstapfen meines Vaters zu treten und Biologie zu studieren. ✦

Von horizontal wachsenden Bäumchen und Wäschetrommeln

Nie hätte ich mir träumen lassen, dass ich aufgrund meiner Diplomarbeit gemeinsam mit einem guten Freund später einmal Waschmaschinen zerlegen würde. Wir brauchten etwas Großes, das sich drehen ließ und eine Hohlachse besaß, und dafür waren die Trommeln genau das Richtige. Mich hatte der Biologe Julius Sachs inspiriert, der mit dem Klinostaten eine Möglichkeit fand, Pflanzen um die eigene Achse zu drehen, um ihre Schwerkraftwahrnehmung zu verändern. Damit untersuchte Sachs, wie sich der veränderte Reiz auf das Wachstum von Sonnenblumen auswirkte. Wir wollten herausfinden, ob der gleiche Effekt auch bei Obstbäumchen auftrat. Deshalb bauten wir unseren Klinostaten aus einer Waschmaschinentrommel und ließen daran Apfel- und Kirschbäumchen rotieren. Genau wie die Sonnenblumen wuchsen sie daraufhin nicht in die Höhe, sondern horizontal in den Raum hinein. Zudem bildeten sie eine kleinere, kugelige und dichtbelaubte Krone aus. Mit diesen Versuchen war der Grundstein für mein erstes Produkt und mein späteres Unternehmen gelegt. Mein Plan war es, Bäume waagerecht an Gebäudefassaden wachsen zu lassen, um Städte zu begrünen. Botanisches Potenzial anhand von Technik zu fördern – das faszinierte mich ungemein! Erstaunlich, dass viele Menschen den Wert von Pflanzen nicht richtig erkennen. Sie sind faszinierend und gewinnen aus Sonnenlicht Energie, produzieren frischen Sauerstoff, binden Feinstaub, Stickoxide und Kohlenstoff, dämpfen Verkehrslärm, regulieren die Temperatur ihrer Umgebung und vermehren beziehungsweise erneuern sich permanent. Das alles tun sie gleichzeitig und ausschließlich mit der Kraft der Sonne, dem Wasser und den Nährstoffen des Bodens. Es entsteht keinerlei Müll, und unsere Städte werden durch sie deutlich schöner und wertvoller. Ich stellte mir für Metropolen der Zukunft vor, dass wir mithilfe der Pflanzen Ressourcen wie Luft, Wasser, Energie und Nährstoffe direkt in den Gebäuden und im urbanen Raum recyceln würden. Noch während diese Ideen in mir reiften, verschlug es mich zunächst ans andere Ende der Welt. ✦

Warum ein Entwicklungsprojekt immer eine Blackbox ist

Nepal. Ich verbrachte drei Jahre dort, die mit zur schönsten Zeit meines bisherigen Lebens wurden, mich aber auch viel gelehrt haben. Vermutlich wäre ich nie da gelandet, wenn mir nicht eine weltgewandte Großtante den Tipp gegeben hätte, viel zu reisen und mir unter anderem den Sternenhimmel in Nepal anzusehen. Doch erst einmal ging ich nach dem Erhalt meines Biologie-Diploms nach Australien und ich studierte dort Marine Science an der University of Queensland. Anschließend zog ich nach Paris, um als Praktikantin und kurz darauf als Junior Consultant für die OECD (Organisation für wirtschaftliche Zusammenarbeit) zu arbeiten. Als das Projekt dort endete, beschloss ich, mich für einige Zeit als Volontärin zu engagieren. So landete ich schließlich in Nepal. Dort lernte ich einen Landwirt kennen, der agroforstwirtschaftliche Mischkulturen im nepalesischen Mittelgebirge anpflanzte. Das Besondere an seinem Ansatz war, dass er ganzjährig ernten konnte. Alle anderen Bauern der Region bauten nur für den Eigenbedarf an und kamen mit ihren Monokulturen kaum über die Runden. Mit einem neuen Projekt wollten wir vermitteln, wie Landwirte mit einem traditionellen Mischanbau nicht nur höhere Erträge erwirtschaften, sondern auch den Boden vor Erosionen schützen konnten. Ich suchte Kontakt zu der Botschaft und zu deutschen Entwicklungsorganisationen vor Ort und begann, gemeinsam mit einem nepalesischen Partnerunternehmen, Schulungen und Qualifizierungen ins Leben zu rufen. Gleichzeitig baute ich vor Ort ein Zentrum auf, in dem in den kommenden Jahren über hundert Volontär:innen aus aller Welt mit an dem Projekt arbeiteten, Landwirt:innen geschult wurden und wir unsere Anbautechnik demonstrieren konnten. Um das Vorhaben zu finanzieren, gründete ich mit Freund:innen und Bekannten den Verein Kaule e. V. – Kaule war der Name des nepalesischen Bergdorfes, in dem wir das Projekt durchführten. Gleichzeitig entwickelte ich ein begleitendes Forschungsprojekt, mit dem ich mich an verschiedenen Unis in Deutschland auf eine Promotionsstelle bewarb. Aus den vielen positiven Rückmeldungen habe ich mich schließlich für die Uni Hohenheim entschieden. Mein Ziel war es, unser Entwicklungsprojekt so aufzubauen, dass es auch Bestand haben würde, wenn wir uns als Hilfsorganisation zurückzogen. Es lief alles gut, bis 2015 die großen Erdbeben Nepal erschütterten. Danach gerieten wir unter die Räder von politischem Kalkül, Misswirtschaft und vereinsinternen Querelen. Ich musste mit ansehen, wie das, was wir jahrelang aufgebaut hatten, langsam zerbrach. Gelernt habe ich daraus, dass man sich noch so anstrengen kann, am Ende hängt sehr viel von äußeren Umständen ab, auf die man wenig oder keinen Einfluss hat. ✦

„Mich hat während des Studiums interessiert, wie man im Weltraum und auf der ISS Pflanzen kultivieren kann.“

Der Weg in die Selbstständigkeit

Es ging sehr gut los. Während ich an meiner Dissertation arbeitete, begann ich mich um meine urban-botanische Vision zu kümmern: Ich gründete verschiedene kleinere Unternehmensformen, bis ich 2017 daraus die Visioverdis GmbH bildete. Nach der Gründung hatte ich mithilfe der Uni Hohenheim ein EXIST-Stipendium und im Anschluss die „Junge Innovatoren"- Förderung erhalten. Damit war ich finanziell abgesichert und konnte meine ersten beiden Mitarbeiter einstellen. Wir verkauften den GraviPlant, den ich im Anschluss an meine Diplomarbeit entwickelt hatte: ein durchdachtes High-Tech-System, das Pflanzen nicht nur um ihre eigene Achse drehte, sondern sie automatisch mit Wasser und Nährstoffen versorgte. Die Medien waren von unseren horizontal wachsenden Bäumchen begeistert, und ich wurde häufig zu Vorträgen eingeladen, um über das Thema „Grüne Stadt der Zukunft" zu sprechen. Es dauerte nicht lange, bis unser erster Großauftrag ins Haus flatterte. Nach einer Podiumsdiskussion bei der Gala des Weltkirchentages in Stuttgart sprach mich eine Mitarbeiterin an. Sie erzählte mir vom anstehenden Martin-Luther-Festival in Wittenberg und fragte mich: „Könnten Sie sich vorstellen, zum Jubiläum eine Fabrikhalle für das evangelische Medienhaus von innen und außen zu begrünen?" Begeistert sagte ich zu und wir machten uns an die Arbeit. Wir planten, an den Außenwänden der Halle mit den GraviPlants einen vertikalen Garten anzulegen und innen einen hängenden Weinberg. Dafür hatten wir ein vollautomatisiertes Bewässerungssystem zusammengestellt, um aus der Ferne die Versorgung überwachen zu können. Oft fuhren wir die 500 Kilometer von Stuttgart nach Wittenberg und zurück, um nach dem Projekt zu sehen. Die Pflanzen wuchsen gut an, und wir freuten uns auf die Eröffnung. Kurz vor dem Eröffnungstermin gab es dann einen Defekt in der automatischen Versorgung: Viele Reben gingen ein. In einer Nacht- und Nebelaktion tauschten wir die Pflanzen und reparierten die Technik in letzter Sekunde. Umso schöner war es zu sehen, wie die Gäste am nächsten Tag mit unserem Weinberg interagierten: Sie machten Selfies, bestaunten die Installation und stellten uns viele Fragen. Es folgten einige weitere Aufträge aus Deutschland, Österreich und der Schweiz. Doch dann kam eine schwierige Phase. Die Begrünungsbranche hatte einen Einbruch mit sinkenden Umsätzen und weniger Aufträgen. ✦

Die Herausforderungen des Unternehmertums

„Ich möchte mehr Botanik in die Städte bringen – an und in Gebäude.“

„Nach den ersten drei Jahren trennt sich bei Start-ups die Spreu vom Weizen. Wer das durchhält, erhält den Ritterschlag“, erklärte mir ein befreundeter Banker. Er nannte es die „Saure-Gurken-Zeit“. Anfangs hatten wir große Aufträge, doch dann lief unsere Finanzierung aus und die Grüne Branche hatte ein umsatzschwaches Jahr. Wir gehörten mit unserem Produkt noch mit zu den Pionieren der Grünen Branche.
Es gibt sehr viele Förderungen für die Aufbauphase einer Gründung. Danach sieht es dann anders aus. Visioverdis hatte eine langen Vertriebszyklus, mit einem halben bis dreiviertel Jahr Vorlauf von der Kundenakquise bis zur Auftragserteilung. „Visioverdis hat einen guten Ruf. Es wird in der Szene erwartet, dass Sie das hinbekommen, auch wenn es jetzt gerade knapp aussieht“, sagte mir meine Steuerberaterin. Trotz aller Anstrengung und zunehmender Anfragen wurden Aufträge nicht schnell genug zugesagt, um die laufenden Kosten zu decken. So entließ ich 2019 schweren Herzens meine Mitarbeiter und suchte mir als Projektleiterin bei der Steinbeis-Stiftung einen zusätzlichen Job. Trotz alledem gelang es mir für 2020, gleich zwei neue größere Aufträge an Land zu ziehen. Weitere kündigten sich an. Es ging bergauf. Doch dann kamen Corona und der Lockdown. Die jüngsten

Projekte verzögerten sich, Vorträge wurden abgesagt, und für mich war es so gut wie unmöglich, neue Kund:innen zu gewinnen. Auch die Corona-Unterstützungen griffen nicht, weil die Visioverdis GmbH im Jahr 2020 wirtschaftlich besser dastand als 2019. Obwohl ich es mit einiger Ausdauer über die „Saure-Gurken-Zeit" geschafft hatte, blieb mir Anfang 2021 letztendlich doch keine andere Wahl: ich musste für die Visioverdis GmbH die Insolvenz anmelden. Nach all den Jahren war das ein schwerer Schlag, aber auch das gehört zum Unternehmertum dazu. ✦

Die zwei Seiten einer Medaille

„Als Kind wollte ich Astronautin werden!“

Wie immer hat die Medaille zwei Seiten. Der Unternehmensaufbau hatte meine gesamte Zeit für einige Jahre in Anspruch genommen. Nun kann ich wieder etwas freier überlegen, was ich in den kommenden Jahren machen möchte. Der Kopf ist endlich wieder frei, um neue Ideen zu entwickeln. Schön ist, dass es mit meiner Vision weitergeht. In den vergangenen Jahren bin ich einigen Menschen begegnet, die an die Mission von Visioverdis glauben. Im Spätsommer 2021 haben sie eine neue Firma gegründet, die Visioverdis 2.0. Sie setzen meine Idee – das botanische Potenzial unterstützt durch Technik besser für Städte zu nutzen – fort. Ich werde ihnen als externe Beraterin mit meinen bisherigen Erfahrungen zur Seite stehen. Zudem habe ich ein kleines Beratungsunternehmen für Stadtbegrünungen gegründet. Unternehmerin zu sein, verändert einen. Als Gründerin stand ich viel im Rampenlicht und genoss die Möglichkeit, auf der Bühne von so wichtigen Themen wie der Stadt der Zukunft und dem Potenzial der Pflanzen in Bezug auf das Stadtklima zu sprechen. Mir ist neulich klar geworden, dass mir vermutlich nicht genug Zeit bleibt, um all meine Ideen zu verwirklichen. Mein Ziel ist nun das ortsunabhängige Arbeiten mit freier Zeiteinteilung. Endlich kann ich mir einen lang gehegten Wunsch erfüllen: mit meinem Partner ans Wasser ziehen und segeln gehen. Wir haben einige spannende Ideen für zukünftig Projekte. ✦

„Ich weiß, dass ich immer einen Weg finden werde, meine Ziele umzusetzen, auch in schwierigen Situationen.“

Steckbrief

Dr. Alina Schick

Unternehmen:	Visioverdis GmbH bis 2021, pliverda Beratung
Geburtsjahr:	1976
Kinder:	keine
Gründung:	Februar 2017 / Februar 2021
Branche:	GreenTec
Anzahl Beschäftigter:	früher 6 - heute keine
Uni-Abschluss:	Diplomstudiengang Biologie (Uni Bonn) Graduate Certificate in Marine Sciences (University of Queensland, Australien) Promotion Dr. sc. agr. (Uni Hohenheim)
Homepage:	www.visioverdis.com

Das empfehle ich Gründerinnen

Was mir geholfen hat:

- Viele Reisen, die meinen Horizont erweitert und mich selbstständig haben werden lassen
- Prof. Dr. Dieter Volkmann, Gravitationsbiologe von der Uni Bonn, und Prof. Dr. Torsten Müller vom Fachgebiet für Düngung und Bodenstoffhaushalt von der Uni Hohenheim
- EXIST-Förderprogramm und „Junge Innovatoren“ Förderung, KfW Gründerpreis Baden-Württemberg
- Zukunftskongress für Bildung und Betreuung „Invest in Future“

Meine Tipps:

1. Nicht nur auf ein Standbein setzen, sondern sich vor allem anfangs parallel mehrere Erwerbsquellen sichern
2. Der eigenen Leidenschaft und Begeisterung folgen
3. Finanzierung nach der ersten Aufbauphase sichern
4. Viele Kontakte knüpfen, nicht aufgeben

RECRUITING DER GANZ ANDEREN ART

Wie wir die Generation Z erreichen

Karin Hohn – Job Ambition GmbH

„Social Media war für viele nur ein Trend – außer uns hat fast niemand an unsere Idee geglaubt, das Recruiting zu revolutionieren.“

Kann es denn so schwer sein? Die besten Mitarbeiter:innen zu finden? Für Karin Hohn war das nie eine Frage – wenn man an der richtigen Stelle sucht und erfinderisch ist. Trotz großer Skepsis setzte sie von Anfang an auf etwas, das für die junge Generation selbstverständlich geworden ist: soziale Netzwerke. Doch als sie Führungskräften in mittelständischen Unternehmen von ihrer Idee erzählte, wurde sie oft belächelt. Davon ließ sich die Wirtschaftswissenschaftlerin aber nicht beirren und ging ihren eigenen Weg. Bis etwas passierte, mit dem Karin Hohn nicht gerechnet hatte. Kann sich Erfolg negativ anfühlen? Obwohl sie alles erreicht hatte, was sie sich wünschen konnte? Spitzenumsätze, ein großes Team und eine eigene Firma in einer zukunftssicheren Branche? Trotzdem war Karin Hohn nicht glücklich – und beschloss, die Notbremse zu ziehen. Heute weiß sie, worauf es ankommt, um als Unternehmerin ein erfülltes Leben zu führen. Kein Wunder, dass sie mittlerweile sogar zwei weitere Firmen gegründet hat. ✦

„Was unterscheidet eine Unternehmerin von einer Gründerin? Dass sie in der Lage ist, Aufgaben abzugeben und sich nur noch um das große Ganze zu kümmern."

Kein guter Anfang

Es tat weh, anders zu sein. Dabei war mein Ankommen in Deutschland fast wie der Eintritt ins Schlaraffenland: Überall gab es so viele Süßigkeiten. Nicht so wie in Temeschburg in Rumänien, wo ich geboren wurde. Meine Eltern hatten beschlossen, dem kommunistischen System zu entfliehen, als ich sechs Jahre alt war. Mit nur zwei Koffern und einer Bratpfanne landeten wir nach einem kurzen Zwischenstopp in Stuttgart-Neugereut. „Jetzt sitzt die Karin aus Rumänien neben der Tanja aus Slowenien", sagte meine Lehrerin strahlend. Und ich begriff das erste Mal, dass ich irgendwie anders war, obwohl wir in der Heimat Deutsch gesprochen hatten. Rollenbilder? Was soll das sein? Lange habe ich es nicht verstanden. Mein Vater ging mit mir Joggen und Fußball spielen und es hat für ihn keinen Unterschied gemacht, ob ich ein Mädchen oder ein Junge bin. Es war für mich normal, dass meine Mutter mit ihren zwei Jobs ihren Beitrag zu unserer Familienkasse leistete – genau wie mein Vater, der bei Porsche angestellt war. Unsere Familie war das Zentrum von allem, mein Rückzugsort. Und den brauchte ich als Teenagerin so dringend. Denn die Hormone wirbelten meinen Körper ordentlich durcheinander. Ich wurde etwas moppelig, und auf einmal fingen die Hänseleien in der Klasse an. „Veränderungen haben immer etwas Gutes", hatten meine Eltern damals gesagt. So beschloss ich, etwas zu verändern. Ich verließ die Schule für ein halbjähriges Betriebspraktikum in einer Rechtsanwaltskanzlei. Es wurde eine der wertvollsten Erfahrungen meines Lebens. Schon am ersten Arbeitstag sah ich, dass es anders war, als ich es mir vorgestellt hatte. Überall auf dem Boden lagen Bücher verstreut, auf dem Tisch stand ein überquellender Aschenbecher und das ganze Zimmer war voller Rauch. Trotzdem verstand ich mich auf Anhieb mit der Rechtsanwältin. Sie war eine tolle Frau und wurde in vielerlei Hinsicht mein Vorbild. Während des Praktikums ging eine Veränderung mit mir vor, die im Inneren begann und später im Äußeren sichtbar wurde. Ich nahm in sechs Monaten ganze zwölf Kilo ab. Als ich wieder an meine Schule zurückkehrte, hatte ich das Gespür für meinen Körper zurückgewonnen. „Wie hast du das gemacht?", wollten meine Mitschüler:innen wissen, und auf einmal war ich interessant. Diese Erfahrung hat mich sehr geprägt und mir gezeigt, dass ich meinen eigenen Weg finde, egal, was andere sagen. Und noch eines wusste ich: dass ich keinesfalls Rechtsanwältin werden wollte. Nur, was dann? ✦

> „Ich habe gelernt, mir selbst zu vertrauen und meinen eigenen Weg zu finden."

„Da ist ja meine Garage größer!"

Geplant war das alles nicht. Ich bin ins Unternehmertum eher hineingestolpert. Denn ich hatte vielen erfahrenen Personalverantwortlichen eines voraus: Ich war mit sozialen Netzwerken aufgewachsen. Schon während meines Studiums der Wirtschaftswissenschaften an der Uni Hohenheim hatte ich einen Job als Werkstudentin im Porsche-Museum angenommen. Dort führte ich viele ausländische Besucher:innen durch den Ausstellungsraum und lernte, mit internationalen Gästen umzugehen. „Da ist ja meine Garage größer!", scherzten die Amerikaner oft, wenn sie die Ausstellungsfläche sahen. Doch für mich war diese Arbeit ein Türöffner, denn anschließend landete ich in der Personalabteilung von Porsche. Dort nahm alles seinen Lauf, als ich hautnah miterlebte, wie Porsche händeringend Angestellte für IT-Stellen suchte, aber kaum Kandidat:innen fand. „Warum warten, bis die richtige Bewerbung eingeht?", dachte ich mir und ergriff die Initiative. Ich loggte mich in die deutschsprachigen Online-Communities StudiVZ und SchülerVZ ein, die damals sehr beliebt waren. Dort gab es verschiedene Interessensgruppen, auch für IT-Themen – und ich begann meine Detektivarbeit. Schnell wurde ich fündig. Doch wie sollte ich jemanden ansprechen, der sich „MickyMaus123" nannte? Irgendwie fand ich einen Weg und hatte bald erste Erfolge vorzuweisen. Beflügelt von der Idee beschloss ich, noch im Studium gemeinsam mit meinem Freund Dimitris Colón 2006 eine eigene Firma zu gründen, um Fach- und Führungskräfte über soziale Netzwerke zu rekrutieren. Doch schon bald mussten wir feststellen, dass – außer uns – kaum jemand an unsere Idee glaubte. ✦

Social Media? Das ist doch nur ein Trend!

Nicht alle Veränderungen beginnen mit einem Knall. Ich glaube, es war meine Fassungslosigkeit, die letztlich den Ausschlag gab. Ich konnte nicht glauben, wie sehr sich mittelständische Unternehmen und Konzerne an alte Traditionen klammerten. Dabei hatte unsere Idee so viel Potenzial! Unterstützung bekamen wir von der Innovation und Bildung Hohenheim GmbH, einer ehemaligen Tochtergesellschaft der Uni Hohenheim. Ich erinnere mich noch, wie sie uns anfangs sagten: „Egal, was die ersten fünf Jahre auch passiert – haltet durch!“ Und genau so war es. Nachdem wir „Jobkey“ gegründet hatten, stellten wir fest, dass der Name schon belegt war, und nannten uns kurzerhand in „Jobambition“ um. Zunächst boten wir Porsche unsere Dienste an, schließlich waren wir dort aus unserer Werkstudentenzeit bekannt. Ich weiß nicht, wie viele Stunden wir in IT-Foren und dem damaligen Chatdienst ICQ verbrachten. Es müssen Hunderte gewesen sein. Doch unsere Hartnäckigkeit zahlte sich aus. Es gelang uns, für eine seit langem unbesetzte Stelle einen passenden Bewerber zu finden. Damit hatten wir bei Porsche einen Stein im Brett – und einen namhaften Auftraggeber als Referenz. Euphorisch wandten wir uns einem neuen Kundenkreis zu, doch das war schwerer als gedacht. Vielleicht lag es an unserer Unerfahrenheit. Einmal kamen wir völlig abgehetzt zu einem Termin, weil mir erst auf dem Weg siedend heiß eingefallen war, dass ich immer noch meine bunten Turnschuhe trug. So waren wir kurzerhand in ein Einkaufszentrum gefahren und hatten neue Schuhe für mich gekauft. Als wir endlich da waren, konnte ich förmlich spüren, wie der Kunde dachte: „Wer hat denn diese Schüler herbestellt?“ Nachdem wir unsere Idee präsentiert hatten, bekamen wir die volle Breitseite ab: „Was ist denn das für eine Schnapsidee? Soziale Netzwerke? Die haben doch überhaupt keine Zukunft!“ Damit war das Gespräch gelaufen und wir zogen enttäuscht von dannen. Dabei waren wir uns so sicher, an einer großen Sache dran zu sein. Wir sollten Recht behalten – nur eines hatten wir dabei völlig übersehen. ✦

„Wachstum ist nicht alles. Viel wichtiger ist es, als Unternehmerin sein Leben ganzheitlich zu planen."

Mit Vollgas ins Chaos

Quieeeeetsch. Hätte ich es gekonnt, hätte ich eine Vollbremsung hingelegt. Damals wusste ich nicht, dass man an Wachstum scheitern kann. Dabei hatten wir unseren Kundenkreis erweitert, unsere GbR in eine GmbH umgewandelt und neue Beschäftigte eingestellt. Der Laden brummte und wir mussten bald in ein größeres Büro umziehen. Auch dort wurde es schnell zu eng, denn wir waren mittlerweile auf zehn Angestellte angewachsen. Doch allmählich veränderte sich die Stimmung. Während wir uns anfangs alle geduzt hatten, schwebte plötzlich bei den neuen Kolleg:innen das „Sie" im Raum, und ich begann, bei Vorstellungsgesprächen einen Hosenanzug zu tragen. Außerdem musste ich mich mit ganz anderen Themen beschäftigen. Wie sollte ich als Chefin auftreten? Wie konnte ich Respekt von meinen Beschäftigten erlangen? War ich überhaupt zu respektieren? Allmählich begann mir die Sache über den Kopf zu wachsen. Aufträge hatten wir genug, doch unsere Datensätze waren auf eine Größe angewachsen, die das Öffnen von Dateien so zäh gestaltete wie Kaugummi. Gleichzeitig hatte ich das Gefühl, dass ich meinen Angestellten keine klaren Ansagen machen konnte. In meiner Verzweiflung investierte ich in einen Coach, der 200 Euro die Stunde verlangte. Was für ein Reinfall! Als ich im Rollenspiel einige aus dem Team mimte, flippte er völlig aus und zog ohne Ratschläge von dannen. So war ich wieder auf mich allein gestellt. Was sollte ich tun? Irgendwann nahm mich ein langjähriger Kunde zur Seite und fragte, was bei uns los sei. Da wusste ich, dass es an der Zeit war, die Reißleine zu ziehen. Ich setzte mich mit meinem Kernteam zusammen, und wir trafen eine belastende Entscheidung: Wir mussten uns verkleinern. Vor einem Menschen zu sitzen und ihm zu sagen, dass er gehen müsse, ist richtig hart und bitter. Es fiel mir unendlich schwer, doch von da an ging es bergauf. Es schien, als würde die ganze Firma aufatmen, und wir erledigten dieselbe Arbeit mit der Hälfte unseres Teams. Auf einmal fühlte sich wieder alles leicht an. So etwas sollte uns nicht noch einmal passieren. Wir nahmen unseren gesamten Einstellungsprozess unter die Lupe, analysierten die Strukturen, verlängerten die Einarbeitungszeiten und prüften genau, wer zu uns passte. Ich hätte nie für möglich gehalten, dass uns derselbe Fehler zweimal unterlaufen könnte. ✦

Ein geplatzter Knoten, Spitzenumsätze und eine große Enttäuschung

Auf unserer Weihnachtsfeier 2018 platzte der Knoten. Früher dachte ich, je größer meine Firma wird, desto erfolgreicher bin ich. Doch als der große Durchbruch kam, war das Gegenteil der Fall. BMW hatte uns 2013 an sein Start-up-Netzwerk empfohlen und wir hatten alle Hände voll zu tun. Unser Konzept war es, stets die Extrameile zu gehen. Selbst wenn wir kurz vorm Ziel merkten, dass der Bewerber oder die Bewerberin doch nicht passte, fingen wir noch einmal ganz von vorn an. Denn wir wussten: Eine Fehleinschätzung durften wir uns nicht leisten. Genau diese Akribie wurde unsere Nische und wir machten so viel Umsatz wie nie zuvor. Doch als ich auf unserer Weihnachtsfeier meinem Team und ihren Partner:innen gegenüberstand und mich 60 Augenpaare ansahen, wollte sich keinerlei Feierlaune einstellen. Was war nur los mit mir? Hatte ich nicht alles erreicht, was ich immer wollte? Warum brodelte es dann in meinem Inneren? Mir wurde klar, dass ich Angst hatte, alles zu verlieren, und dass mir die Mühelosigkeit abhandengekommen war. Dabei war ich doch genau deshalb Unternehmerin geworden! Nun hatte ich alles satt: All die Klagen, obwohl ich meinen Angestellten eine der schönsten Bürolagen zur Verfügung stellte, ihnen frisches Obst und guten Kaffee zahlte und immer ein offenes Ohr hatte. Genauso wie die 80-Stunden-Wochen, in denen ich mich abrackerte und nie zur Ruhe kam. So hatte ich mir mein Leben wahrlich nicht vorgestellt. Zwar fuhren wir riesige Umsätze ein, doch vom Gewinn blieb am Ende wenig für uns übrig. Die Unzufriedenheit wuchs. Irgendwann musste ich mir eingestehen, dass wir schon wieder zu schnell gewachsen waren, mit zu vielen Assistenzen und einem zu großen Wasserkopf. Erneut stand ich vor einem Wendepunkt, nahm all meinen Mut zusammen und berief ein Treffen mit meinen engsten Vertrauten ein. Dort ging ich in die Selbstoffenbarung. Ich erzählte alles: Wie es mir tatsächlich ging, welche Gedanken in meinem Kopf kreisten und was ich mir überlegt hatte. Denn so konnte es nicht weitergehen. „Ich möchte das Management abgeben", eröffnete ich ihnen. „Und ich habe dafür schon jemanden im Blick."

Es war eine ungewöhnliche Wahl, denn sie war die Jüngste im Team und hatte sehr wenig Berufserfahrung. Aber sie war Psychologin und ich vertraute ihr vollends. So fragte ich sie, ob sie an meine Stelle treten wolle, während ich eine Auszeit nahm. Mein Team stimmte zu und wir verkleinerten uns ein zweites Mal. Endlich hatte ich Zeit, mich um mich selbst zu kümmern. Aber wie sollte mein ideales Unternehmen aussehen? ✦

Was mein Herz mir sagte

„Die ist ja putzig." Dieser Satz hat mich drei Wochen Anti-Aggressionstraining gekostet. Er fiel, als ich das erste Mal in einem Coaching für Unternehmer:innen saß und mich klischeegetreu unter acht Männern wiederfand. „Sag das noch mal!", schleuderte ich zurück. Mittlerweile ist derjenige, der das gesagt hat, ein guter Freund geworden – trotzdem war ich erst einmal fassungslos. Wo war ich da hineingeraten? Ich hatte mich beim Unternehmertraining von Stefan Merath angemeldet. Schon seine Bücher hatte ich verschlungen und nun saß ich unter lauter gestandenen Unternehmern, denen ihr Business genau wie mir über den Kopf gewachsen war, während wir von Freiheit und Selbstbestimmung träumten. Dort habe ich unglaublich viel gelernt. Zum Beispiel, dass jede und jeder von uns eine weibliche und eine männliche Seite in sich trägt und Männern ihre Familie genauso wichtig ist. Aber auch, wie groß der Wunsch nach Zugehörigkeit zu einer Gruppe ist oder wie manche Kerle untereinander über Frauen sprechen. Seitdem nehme ich all meine Entscheidungen genau unter die Lupe und frage mich, mit welcher Motivation ich etwas tue. Möchte ich nur Kinder, um nicht als Karrierefrau abgestempelt zu werden? Oder ist das wirklich mein Wunsch? Wie sieht Erfolg für mich aus? Was haben meine Kund:innen davon, wenn ich nach 23 Uhr Mails beantworte? Gemeinsam mit den anderen begann ich, mein Leben ganzheitlicher zu planen. Ich trug meine Frisörtermine und Sportstunden in meinen Geschäftskalender ein und begann, früher Feierabend zu machen, um meine Hunde von der Pension abzuholen. Langsam gestaltete ich mein Leben nach meinen Wünschen. Statt mich in Kundenprojekte einzumischen, befähigte ich meine Angestellten, ihre Probleme selbst zu lösen. Auch unsere Kundschaft hatte sich verändert. Während wir früher von einem Auftrag zum nächsten hechelten, hatten wir begonnen, als externe Personalabteilung für Start-ups zu arbeiten. Das brachte uns langfristige Verträge und Sicherheit. So konnte ich mein Arbeitspensum herunterschrauben und hatte endlich wieder den Kopf frei. Als hätte sie nur darauf gewartet, begann in meinem Hinterkopf eine neue Idee Gestalt anzunehmen. ✦

Warum ich die Firma gründete, die ich selbst gebraucht hätte

Was unterscheidet eine Unternehmerin von einer Gründerin? Dass sie in der Lage ist, Aufgaben abzugeben und sich nur noch um das große Ganze zu kümmern. Genau so machte ich es mit „CassandHRa“, meinem zweiten Unternehmen. Dort bin ich von Anfang an nur als Gesellschafterin eingestiegen – ich hatte dazugelernt. Gemeinsam mit Dimitris Colón wollte ich das Recruiting revolutionieren und zwar mit künstlicher Intelligenz. So gründeten wir erneut. Wir programmierten einen „active sourcing assistant“, eine künstliche Intelligenz, die unsere Datensätze und langjährige Erfahrung nutzte, um für unsere Kundschaft nach wechselwilligen Angestellten Ausschau zu halten. Seitdem läuft bei „CassandHRa“ alles voll digitalisiert. Mir ging es endlich besser und ich hatte schon wieder eine neue Idee im Kopf. Mitten in der Corona-Pandemie gründete ich im Oktober 2020 mein drittes Unternehmen: „mindfit studios“. Das ist mein echtes Herzensprojekt und etwas, das ich mir selbst vor Jahren gewünscht hätte. mindfit studios“ kümmert sich um die psychische Fitness von Menschen und hilft ihnen bei ihrer Persönlichkeitsentwicklung. Wie soll mein Alltag aussehen? Wie kann ich mich weiterentwickeln? Um solche Fragen geht es dort. Wir unterstützen mit Tutorials, Videos und Live-Kursen und besprechen regelmäßig die aktuelle Lebenssituation. Endlich kann ich das tun, was ich immer wollte: Neue Ideen spinnen, mich aus dem Tagesgeschäft heraushalten und das Leben leben, das ich mir immer gewünscht habe. Das Schöne ist: Ich habe keine Ängste mehr. Denn ich weiß, dass ich mit meinem Studium eine qualitativ hochwertige Ausbildung habe und nur weich fallen kann. Seitdem hört mein Kopf nicht mehr auf zu rattern und sprudelt vor Ideen. Nur eine Sache fehlt mir noch zu meinem Glück: ein Haus am See, um dort mit meinen Hunden die Natur zu genießen. ✦

Steckbrief

Karin Hohn

Unternehmen:	Job Ambition GmbH, CassandHRa GmbH und mindfit studios GmbH
Geburtsjahr:	1982
Kinder:	noch keine
Gründung:	2006: Job Ambition GmbH 2018: CassandHRa GmbH 2020: mindfit studios GmbH
Branche:	Personalbranche (HR)
Anzahl Beschäftigter:	15
Uni-Abschluss:	Diplomstudiengang Wirtschaftswissenschaften (Uni Hohenheim)
Homepage:	www.jobambition.de www.mindfit-studios.de

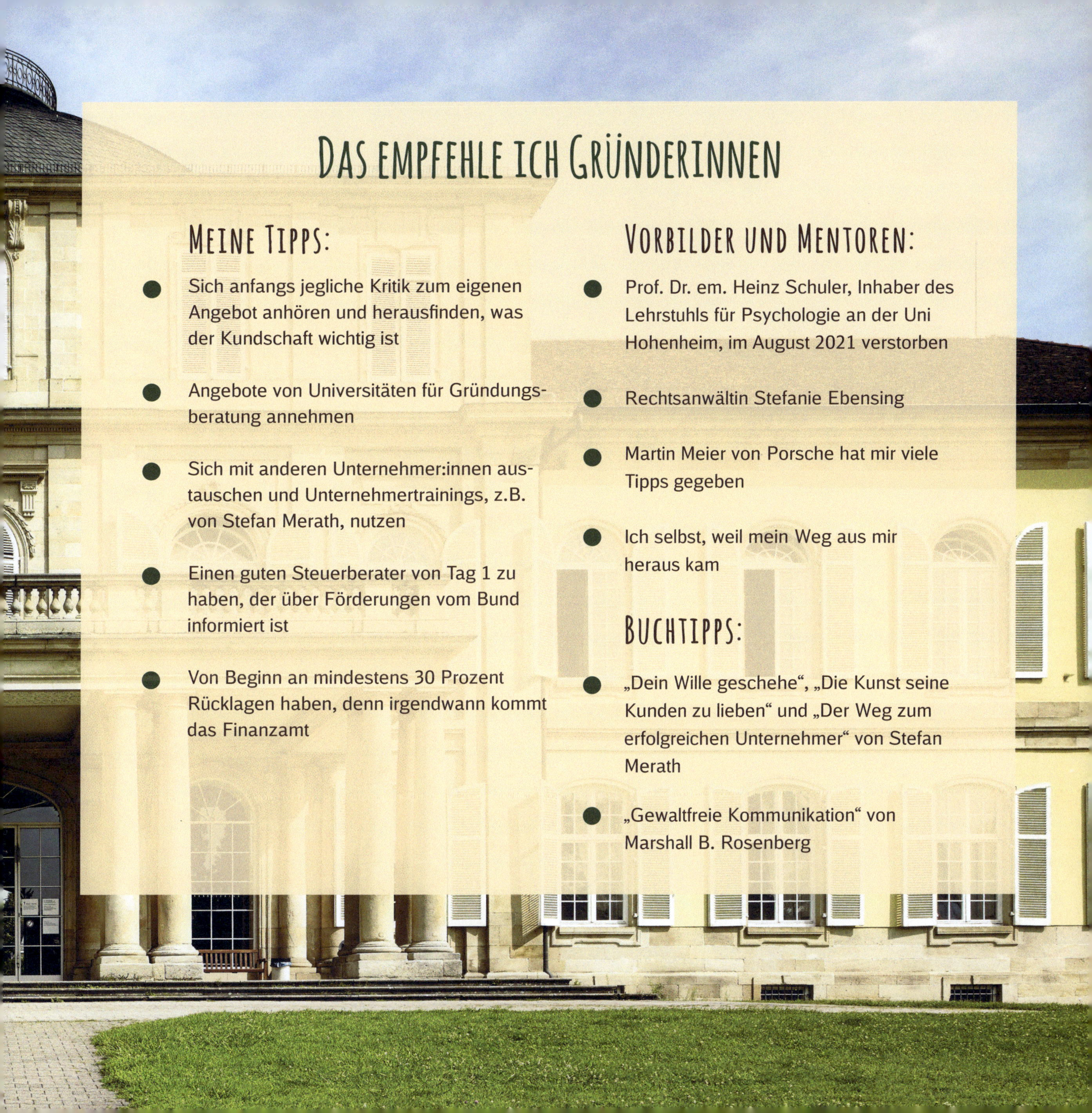

Das empfehle ich Gründerinnen

Meine Tipps:

- Sich anfangs jegliche Kritik zum eigenen Angebot anhören und herausfinden, was der Kundschaft wichtig ist
- Angebote von Universitäten für Gründungsberatung annehmen
- Sich mit anderen Unternehmer:innen austauschen und Unternehmertrainings, z.B. von Stefan Merath, nutzen
- Einen guten Steuerberater von Tag 1 zu haben, der über Förderungen vom Bund informiert ist
- Von Beginn an mindestens 30 Prozent Rücklagen haben, denn irgendwann kommt das Finanzamt

Vorbilder und Mentoren:

- Prof. Dr. em. Heinz Schuler, Inhaber des Lehrstuhls für Psychologie an der Uni Hohenheim, im August 2021 verstorben
- Rechtsanwältin Stefanie Ebensing
- Martin Meier von Porsche hat mir viele Tipps gegeben
- Ich selbst, weil mein Weg aus mir heraus kam

Buchtipps:

- „Dein Wille geschehe“, „Die Kunst seine Kunden zu lieben“ und „Der Weg zum erfolgreichen Unternehmer“ von Stefan Merath
- „Gewaltfreie Kommunikation“ von Marshall B. Rosenberg

Bits, Bytes, Sensoren und Messverfahren

Mein Beitrag zur Digitalisierung in Industrie, Landwirtschaft und Forschung

Dr. Heike Fröschle – ILFtec

„Ich vereine das Wissen dreier Welten – der Elektronik, der Landtechnik und der Informatik.“

Sensorik? Ballenpressen? Algorithmen? Für Heike Fröschle sind das keine Unbekannten. Obwohl sie nach dem Abitur nicht im Traum daran gedacht hätte, sich einmal als Prozessinformatikerin in einer leitenden Position eines Landtechnikherstellers wiederzufinden. Programmieren? Das ist doch nichts für Mädchen, hieß es damals. Doch nachdem sie sich bereits im Studium auf die Agrartechnik spezialisiert hatte, vereinte sie in ihrer Promotion drei Welten: Elektronik, Landtechnik und Informatik. So startete Heike Fröschle ihre Karriere auf zwei Beinen: Noch während ihrer Doktorarbeit gründete sie im Nebenerwerb ihr eigenes Unternehmen. Dessen erstes Produkt war ein Messgerät, das in der Landtechnik begehrt war. Später automatisierte sie als Abteilungsleiterin Abläufe mit Hilfe von Algorithmen. Im Verlauf von fünf Jahren wurde ihre Firma ILFtec jedoch so erfolgreich, dass sie sich voll und ganz auf ihre Selbstständigkeit konzentrierte. ILFtec wuchs und wuchs – doch Corona warf einiges über den Haufen. ✦

Eine typische Wahl?

„Ich löse gerne anspruchsvolle Problemstellungen in verschiedenen Bereichen, unter anderem im Kontext der Landtechnik.“

Ich wäre in meiner Schulzeit nie auf die Idee gekommen, Informatik zu studieren. Oder mich eines Tages mit Algorithmen zu beschäftigen. Jede freie Minute verbrachte ich auf dem Flugplatz, beim Training oder in der Gesangsstunde. Segelfliegen, Triathlon und Operngesang bestimmten meinen Alltag. An der Schule hatte ich zwar aus Interesse eine Informatik-AG belegt, doch einen MINT-Beruf zu ergreifen, stand bei mir zu Hause nie zur Debatte. Niemand hatte das auf dem Schirm – ich auch nicht. Zwar habe ich das logische Denken von meinem Vater, der als Ingenieur in seiner Freizeit auch gerne Oldtimer Flugzeuge restauriert, doch für mich war es viel spannender, wenn meine Mutter von ihrer Arbeit erzählte. Sie stand täglich im Labor und erstellte Futtermittelanalysen für die Landesanstalt für landwirtschaftliche Chemie an der Uni Hohenheim. Daten waren schon damals meine Welt – sie sind die Grundlage für alles. Welche Nährstoffe sind in diesem Futtermittel? Ist die Probe mit Schadstoffen verunreinigt? Wie viel Rohprotein ist enthalten? Nachdem ich mein Abitur in der Tasche hatte, nahm mich meine Mutter ein halbes Jahr lang mit ins Labor und ließ mich in ihre Arbeit hineinschnuppern. Gleichzeitig schaute ich mir verschiedene Studiengänge an, um zu entscheiden, wo ich mich einschreiben wollte. Schließlich entschied ich mich für die Agrarwissenschaften an der Uni Hohenheim und tauchte in die Welt der Landtechnik ein. ✦

Warum ich neben meiner Promotion ein Unternehmen gründete

Nach dem Grundstudium war ich unsicher, welche Vertiefungsrichtung ich im Master wählen sollte, und beschloss vor dieser Entscheidung, Praxiserfahrung im Ausland zu sammeln. Zufälligerweise ergab sich der Kontakt zur Universidad de San Simón in Bolivien. Dort arbeitete ich ein Jahr lang gemeinsam mit verschiedenen Organisationen an Entwicklungshilfeprojekten mit. Als ich nach Deutschland zurückkehrte, war ich mir sicher: Die Agrartechnik war das Richtige für mich. Nach Abschluss meines Masterstudiums befasste ich mich mit der Digitalisierung der gesam ten Erzeugungskette von Geflügel am Department of Biosystems Engineering des University College Dublin in Irland. Dort arbeitete ich an kostengünstigen Verfahren zur Rückverfolgbarkeit „vom Ei bis zum Schnitzel" mit Hilfe von Barcodes, Bildverarbeitung und Modellierung mit, um dies für den Verbraucher transparent zu machen. Doch im Jahr 2008 zog es mich wieder nach Deutschland, und so kehrte ich ans Institut für Agrartechnik der Uni Hohenheim zurück, um zu promovieren.

Es war eine gute Entscheidung. Während der Versuchsarbeit lernte ich auch meinen späteren Mann kennen, der damals ebenfalls am Institut bei Prof. Dr. Dr. h. c. mult. Karlheinz Köller tätig war. In meiner Arbeit ging es darum, ein Sensorsystem zu entwickeln, welches die auf den Blättern vorhandene Taumenge maß und mittels eines Algorithmus die Wassermenge im Gemisch einer Pflanzenschutzspritze dementsprechend optimierte. Um den Taubildungsvorgang auf Pflanzenblättern bei unterschiedlichen Klimabedingungen im Labor nachvollziehbar zu machen, habe ich ein Tausimulationsgerät entwickelt. Kaum hatte ich meine Versuche abgeschlossen, wollte einer meiner Sponsoren das von mir entwickelte Gerät kaufen. Was nun? Ich überlegte, wie ich am besten als Verkäuferin auftreten konnte, und die Gründung eines Kleinunternehmens schien mir die beste Option. So gründete ich nebenberuflich die ILFtec Software- und Elektronikentwicklung. Während ich noch an meiner Promotion schrieb, boten mir die AMAZONEN-WERKE H. DREYER SE & Co. KG eine Stelle als Leiterin der Prozessinformatik an, die ich annahm. So arbeitete ich tagsüber und schrieb abends, am Wochenende und an jedem freien Tag an meiner Doktorarbeit. Im Nachhinein würde ich niemandem zu dieser Doppelbelastung raten.

ILFtec

Langsames Wachstum und eine Entscheidung

Vielleicht wäre ich ohne meine Abteilungsleitungstätigkeit als Selbstständige nicht so erfolgreich gewesen, denn ich hatte in dieser Zeit die Chance, viel Berufserfahrung zu sammeln. Meine Abteilung war in der Vorentwicklung angesiedelt. Es war unsere Aufgabe, Daten zu analysieren, Abläufe zu automatisieren und Prozesse zu vereinfachen. Zu diesem Zeitpunkt waren Apps in der Landtechnik stark im Kommen, und auch ich tauchte tiefer in diese Thematik ein. Gleichzeitig ging es mit ILFtec zunehmend aufwärts. Laufend kamen neue Aufträge herein, beispielsweise von der Uni Hohenheim, die ein weiteres Messgerät beantragte, oder von Kunden aus der Industrie. So wuchs meine Firma stetig weiter. Doch allmählich stieß ich immer häufiger an die Grenze eines Kleinunternehmens und so musste ich eine Entscheidung treffen: Sollte ich ILFtec weiter ausbauen oder mich auf meine Abteilungsleitungsstelle konzentrieren? Je länger ich darüber nachdachte, desto attraktiver schien mir die Vollselbstständigkeit, und so beschloss ich 2017, mit ILFtec durchzustarten. Ganz einfach war es nicht. Obwohl ich viele Kontakte in die Branche hatte, musste ich umdenken. Es war etwas anderes, auf einmal in die Dienstleisterrolle zu wechseln und für alles allein verantwortlich zu sein: Buchhaltung, Marketing, Kundenkontakt, Zollbestimmungen, Zulieferer und mein Gehalt. Dafür gelang es mir, meine Produktpalette auszubauen und besser auf die Wünsche der Kundschaft einzugehen. Doch nach einiger Zeit blieb mir aufgrund des stetigen Wachstums erneut zu wenig Raum, um neue Produkte zu entwickeln. Daher beschloss ich, ein Team aufzubauen, das mich im Vertrieb, im Kundendienst und im Bereich Marketing unterstützte. Als dann 2019 unsere Tochter auf die Welt kam, war es mir auf diese Weise möglich, mich tagsüber um sie zu kümmern und meine Arbeitszeit auf den späten Abend zu verlagern. So wuchsen meine Tochter, mein Unternehmen und ich langsam in unsere neue Lebenssituation hinein: Während sie neben mir spielte, führte ich Kundengespräche, Online-Meetings oder programmierte – bis 2020 der große Lockdown kam. ✦

> *„Es kann auch ein guter Weg sein, nebenberuflich zu gründen und langsam zu wachsen.“*

Wie Corona meine Firma veränderte

Es sollte sich zeigen, dass die Pandemie Fluch und Segen zugleich war. Auf der einen Seite waren Online-Meetings, bei denen meine Tochter im Hintergrund spielte, zur Normalität geworden – es ging ja vielen so. Andererseits machten die Kontaktbeschränkungen Kundenbesuche und Reparaturen vor Ort oft nur sehr schwer möglich. Zwar hatten wir keinerlei finanziellen Einbrüche, aber meine Angestellten hatten mit der Zeit immer weniger Möglichkeiten, ihre Tätigkeit sinnvoll auszuüben, sodass wie uns trennten. Nun war ich gezwungen, alles selbst zu organisieren. Um den zunehmend schwerer werdenden Lieferbedingungen, auch aufgrund unserer begrenzten Stückzahlen, bei steigenden Kosten zu begegnen, traf ich die Entscheidung, bestimmte Komponenten in Zukunft selbst herzustellen. Dafür entwickelte ich gemeinsam mit meinem Mann eine CNC-Fräse, die genau auf unsere Bedürfnisse zugeschnitten ist. Dadurch spare ich Entwicklungszeit, Kosten und bin unabhängig von beispielsweise Zulieferern von Gehäusen. Gleichzeitig arbeiten wir daran, unseren digitalen Auftritt zu intensivieren und die Bereitstellung von Anwendungen für den Kundenkreis zu vereinfachen sowie unser Support-System zu optimieren. In die Zukunft sehen können wir nicht, ebenso wenig wissen wir, wie es mit Corona weitergeht. Aber nicht aufzugeben und die Dinge positiv anzugehen ist genau das, was eine Unternehmerin ausmacht. ✦

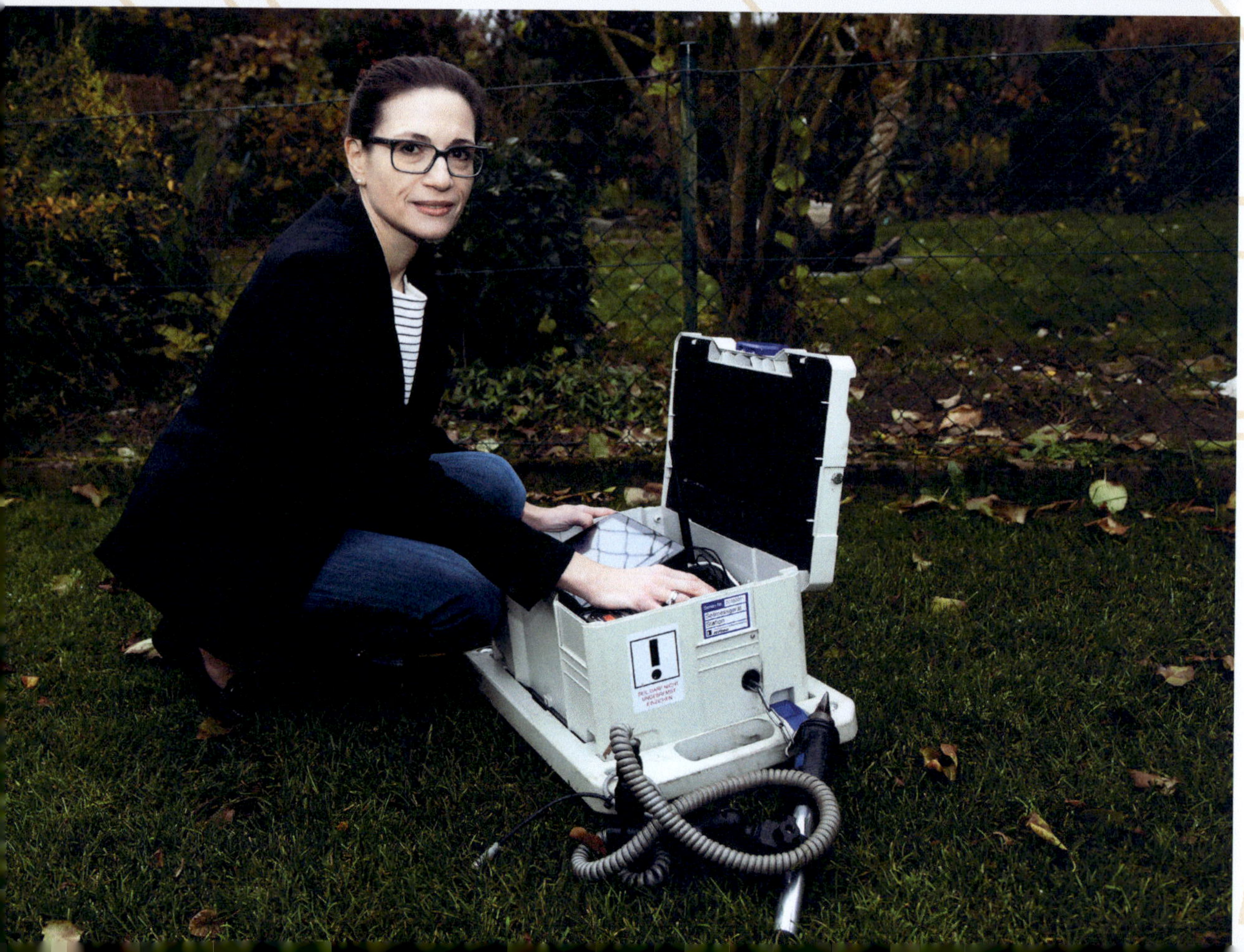

Warum ich auf die Digitalisierung setze

„Kinder, die nichts dürfen, werden zu Erwachsenen, die nichts können" – ich liebe dieses Zitat. Deshalb lasse ich meine Tochter sehr viel ausprobieren. Vor der Pandemie hatte ich begonnen, an Grundschulen Kurse in Elektronik und Landwirtschaft zu geben. Damit möchte ich Klischees aufbrechen und Kindern Berührungsängste nehmen.
Es ist enorm wichtig, dass es für sie normal ist, mit Lötkolben, Widerständen und Transistoren früh in Kontakt zu kommen. Genauso relevant finde ich es, Kindern ein realistisches Bild von der Landwirtschaft mitzugeben bzw. zu vermitteln, woher unser Essen kommt. Was mich wirklich ärgert ist, wenn ich im Supermarkt „Bio-Tomaten" mit zu hinterfragender CO_2-Bilanz, z.B. aus Argentinien, sehe. Müssen Lebensmittel wirklich um die halbe Welt reisen? Die deutsche Landwirtschaft ist viel besser als ihr Ruf, aber wenn wir so weitermachen und noch mehr Höfe aufgeben müssen, sind wir irgendwann gezwungen, unsere Lebensmittel aus dem Ausland zu importieren. Mit solchen und ähnlichen Themen sollten Mädchen und Jungen so früh wie möglich in Berührung kommen. Ich habe das Gefühl, als Selbstständige viel bewegen zu können. Auch wenn es nicht immer einfach war und ist und man eine große Verantwortung für sich und auch andere trägt, bin ich froh, diesen Weg eingeschlagen zu haben. Wenn es mit ILFtec möglich ist, nach Corona weit genug zu wachsen und die nötige Umstrukturierung gelingt, möchte ich meine Arbeit noch ortsunabhängiger gestalten, um mehr Freiräume zu schaffen für einen großen Traum: unserer Tochter die Welt zeigen. Die Digitalisierung bietet jedenfalls die besten Chancen dafür. ✦

Steckbrief

Dr. Heike Fröschle

Unternehmen:	ILFtec
Geburtsjahr:	1979
Kinder:	1 Tochter
Gründung:	2011 als Kleinunternehmen im Nebenerwerb, ab 2017 als Einzelunternehmen
Branche:	Messtechnik, Software- und Elektronikentwicklung
Anzahl Beschäftigter:	früher 2,5 - derzeit keine
Uni-Abschluss:	Bachelor of Science in Agrarwissenschaften (Uni Hohenheim) Master of Science in Agrartechnik (Uni Hohenheim) Promotion Dr. sc. agr. (Uni Hohenheim)
Homepage:	www.ilftec.de

Von geretteten Bananen

Wie unser Start-up-Traum zerbrach,
ohne dass wir in einer Sackgasse stehen

Dr. Ines Kutzli und Inna Zhuravlova – BanaBooms

„Es ist doch erstaunlich, wie viel man auf die Beine stellen kann, ohne offiziell gegründet zu haben.“

Inna Zhuravlova (links) und Dr. Ines Kutzli (rechts)

Als Inna Zhuravlova und Ines Kutzli sich für ein Projekt des Europäischen Instituts für Innovation und Technologie (EIT) anmeldeten, ahnen sie noch nicht, dass dies ihr Weg in die Start-up-Welt sein würde. Gedankenverloren im Supermarkt einkaufen können die beiden nun nicht mehr. Seit sie wissen, wie viele Tonnen Lebensmittel täglich im Müll landen. Denn ihre Aufgabe war es, für eine belgische Supermarktkette eine Möglichkeit zu entwickeln, um Lebensmittel vor der Abfalltonne zu retten. Im Rahmen des EIT-Food-Wettbewerbs entwickelten sie gemeinsam mit vier weiteren Hohenheimer Student:innen neuartige Frühstücksflocken aus geretteten Bananen – die „BanaBooms". Doch was als steiler Aufstieg mit einem Innovationspreis von 25.000 Euro begann, wurde schnell zur Odyssee. Denn obwohl die „BanaBooms" auf zahlreichen Messen gut ankamen und die beiden Gründerinnen sogar schon eine Kooperation mit Rewe an Land gezogen hatten, stießen sie an einem Punkt an ihre Grenze: bei der Suche nach einer Produktionsstätte. Bis Ines Kutzli schließlich die Reißleine zog. ✦

Wie Ines schlagfertig wurde

Jedes Wochenende habe ich etwas dazugelernt, weil ich meiner Mutter geholfen habe. Gemeinsam mit meiner Schwester habe ich in ihrem Restaurant im schwäbischen Trossingen im Service ausgeholfen. Dort habe ich so manchen Spruch zu hören bekommen. Ich kann nur jedem empfehlen, mal ein Jahr lang in der Gastronomie zu arbeiten. Das härtet ab fürs Leben! Dort bin ich schlagfertig geworden. Wahrscheinlich stand deshalb später auch in der Abizeitung über mich: „Ines traut sich ihre Meinung zu sagen und für ihre Überzeugung einzustehen." Und ich habe noch etwas gelernt – was es heißt, selbstständig zu sein. Meine Eltern haben früh nie das Haus verlassen, um zur Arbeit zu fahren. Sie waren immer für meine Schwester und mich da. Deshalb haben für mich immer die Vorteile der Selbstständigkeit überwogen, auch wenn meine Eltern mal bis spätnachts arbeiten mussten. Schon damals konnte ich mir gut vorstellen, eines Tages meine eigene Chefin zu sein. Nur in welchem Bereich, das wusste ich damals noch nicht. Mich haben viele Dinge interessiert, ich bin sehr offen für Neues und ich habe immer gern gelesen. Doch eines wusste ich: Auf keinen Fall wollte ich etwas mit Technik machen. Deshalb kam die Uni Stuttgart mit ihren Schwerpunkten Elektrotechnik, Maschinenbau sowie Luft- und Raumfahrt für mich nie in Frage. Mich hat eher die Chemie fasziniert, und genau das hat mich über Umwege auch zur Lebensmitteltechnologie gebracht. Obwohl ich anfangs bei den Agrarwissenschaften für den Studiengang „Nachwachsende Rohstoffe und Bioenergie" eingeschrieben war. Doch als ich das Technikum und die Labore der Lebensmitteltechnologie gesehen habe, war es um mich geschehen. ✦

Was Inna half dem Bürgerkrieg zu entkommen

Unglaublich! Ich war so wütend und konnte es einfach nicht fassen! Was meine Biologie-Lehrerin damals zu uns sagte, ließ mir die Haare zu Berge stehen: „Eine Frau muss Jungfrau sein, wenn sie heiratet." Das hat mich richtig auf die Palme gebracht! Hätte ich brav meinen Mund gehalten, wären meine Noten wahrscheinlich besser ausgefallen. Doch ich konnte einfach nicht schweigen. Deshalb galt ich bald als Rebellin. Ich bin in der Ukraine in der Nähe von Odessa aufgewachsen und habe meine ganze Kindheit lang gekämpft. Mit meinen Eltern, meinen Lehrer:innen und später sogar an der Uni. Zu Hause war es das Thema Fleisch. Meine Eltern konnten nicht glauben, dass sich ein junger Mensch als Vegetarier ordentlich entwickeln kann, bis ich mich mit 14 Jahren endlich mit meiner fleischlosen Ernährung durchsetzte. An der Schule war es das Thema Heirat, und später an der Uni machte mir ein Professor Komplimente nach meiner Prüfung – meine Leistung schien ihn gar nicht zu interessieren. Es gab so viele Widerstände in meinem Leben. Wer weiß, vielleicht hat mir das geholfen, unternehmerisch denken zu lernen. Ich wollte auch nicht das Schicksal meiner Mutter teilen, die es nach zehn Jahren als Hausfrau sehr schwer hatte, wieder im Berufsleben Fuß zu fassen. Deshalb bin ich meinen Eltern sehr dankbar, dass sie mich schon mit vier Jahren zum Englisch-Unterricht angemeldet haben. Mein Vater wusste als Matrose genau, wie wichtig Englisch ist, wenn man in die Welt hinausfährt. Das war der Grundstein für mich, um im Ausland studieren zu können. Ich hatte nach meinem Master-Abschluss bei einer Nichtregierungsorganisation gearbeitet und mich in verschiedenen Projekten für soziale Gerechtigkeit, Nachhaltigkeit und Chancengleichheit eingesetzt. Doch immer wieder stieß ich auf Korruption und den Widerstand der Behörden. Es war einfach frustrierend. Vor allem die eine Nacht vor meinem Geburtstag werde ich niemals vergessen: Ich war mit meinem Freundeskreis aufgebrochen, um vor der Stadt zu feiern und zu zelten. Auf einmal bekam ich eine Textnachricht von meinen Eltern: „Komm nicht zurück! Bleib, wo du bist! Es ist etwas Schlimmes passiert." Am nächsten Tag erfuhr ich, dass es eine Schießerei gegeben hatte und sogar Menschen gestorben waren – der Bürgerkrieg hatte meine Heimatstadt erreicht. Mir wurde klar, dass ich in der Ukraine keine sichere Zukunft hatte. So bewarb ich mich an europäischen Universitäten mit ökologischem Fokus für einen zweiten Master – und begann ein Studium an der Uni Hohenheim. ✦

> *Als Entrepreneur:in solltest du lieben, was du tust.*

Wie wir zu den Bananen kamen

Es fing alles mit einem Projekt des Europäischen Instituts für Innovation und Technologie (EIT) an. Ines hatte als Lebensmitteltechnologin bei Praktika schon einige Erfahrungen in der Produktentwicklung von Hügli Nahrungsmittel und Ritter Sport gesammelt. Inna war die Bioökonomin, die sich mit den wirtschaftlichen Aspekten auskannte. Gemeinsam mit vier anderen Student:innen nahmen wir am Wettbewerb „Circular Food Innovator Track“ teil und traten gegen zwei Teams der Universitäten aus Loewen (Belgien) und Redding (Großbritannien) an. Es ging darum, ein neues nachhaltiges und innovatives Produkt für den Lebensmittelmarkt zu entwickeln. Beim Kick-Off-Meeting stellte uns eine belgische Supermarktkette ihre Herausforderung vor: Tonnen an unverkauftem Brot, Kartoffeln und Bananen vor dem Mülleimer zu bewahren. Wir sollten aus einem dieser Lebensmittelabfälle ein neues Produkt kreieren. Wir aus Hohenheim bekamen nach einem ersten Brainstorming die Bananen zugeteilt. Und sammelten Ideen. Was wäre ein cooles Produkt? Ein Smoothie? Nein, zu ausgelutscht. Etwas Besseres musste her. So was wie – Müsli. Damit waren unsere „BanaBooms“ geboren, Frühstücksflocken aus geretteten Bananen. Die Jury war begeistert, und wir machten uns an die Arbeit. Wir hatten ein Jahr Zeit, um unser Produkt zu entwickeln und einen Business Case zu schreiben. Um die frischen Bananen haltbar zu machen, mussten wir ihnen das Wasser entziehen. Das ging nicht in unserer WG-Küche. Dafür benötigten wir einen Extruder, ein Gerät, das mit hohem Druck arbeitet. Doch den hatte auch die Uni

Hohenheim nicht zur Verfügung. So mussten wir beim Deutschen Institut für Lebensmitteltechnik (DIL) anfragen. Zum Glück war das DIL einer der offiziellen Partner des EIT. Sonst hätten wir uns die Miete für einen Produktionstag (2.500 Euro) kaum leisten können. Wir fuhren also nach Quakenbrück in Niedersachsen. Was dann folgte, war ein Desaster. Oh mein Gott! Unser erster Versuch sah wie Fischmehl aus. Das Ergebnis war absolut ungenießbar. Uns blieb nichts anderes übrig, als mit hängenden Schultern ins Hotel zurückzufahren. Fieberhaft suchten wir nach einer Lösung. Wir mussten das Rezept verändern, aber wie? Stundenlang recherchierten unsere Lebensmitteltechnikerinnen im Internet. Fieberhaft lasen sie alles, was sie über den Umgang mit Extrudern herausfinden konnten. Wir bekamen einen

zweiten Produktionstag, aber wir hatten nur noch diesen einen Versuch. Diesmal musste es einfach klappen! Nach vielem Hin und Her erlaubte uns der zuständige Techniker widerwillig, etwas Ungewöhnliches auszuprobieren. Mit Bauchgrummeln warteten wir auf das Ergebnis. Was, wenn es noch mal schiefging? Doch es funktionierte! Auf einmal hielten wir unseren ersten Prototypen in der Hand. Die Jury war so begeistert von unserem Produkt, dass wir gegen die anderen Teams gewannen und einen Innovationspreis von 25.000 Euro erhielten. Doch das Geld ließ unser Team endgültig auseinanderbrechen. ✦

Warum wir nie offiziell gegründet haben

Eine Gründung im Lebensmittelbereich ist anders als bei einem Tech-Start-up. Man braucht nicht einfach nur einen Laptop und Software, um loszulegen. Eigentlich waren wir anfangs ein sechsköpfiges, gemischtes Team: je zwei Frauen und Männer aus den Bereichen Lebensmitteltechnologie, BWL und Bioökonomie. Aber von Anfang an lief es nicht rund bei uns. Einige brachten sich kaum ein und waren nicht am Projekt interessiert. So beschlossen wir, das Preisgeld untereinander aufzuteilen und zu zweit weiterzumachen. Wir legten unsere Anteile zusammen und nutzen sie für Marketing-Material, unsere Fahrten zu Messen oder für sonstige Ausgaben. Allerdings hielt der Betrag nicht lange vor. Wir überlegten, uns für ein EXIST-Stipendium zu bewerben. Doch es war aussichtslos. Es war ohnehin schon kompliziert genug mit der Ausländerbehörde, weil Inna keine EU-Bürgerin ist. Ein Stipendium? Keine Chance! Also stellten wir unsere Gründung erst einmal zurück – im Nachhinein war das gut so! Stattdessen machten wir Kundenbefragungen und fanden heraus, dass unsere Zielgruppe keineswegs in Ökoläden zu finden war. Die Bio-Kundschaft bevorzugt möglichst unverarbeitete Lebensmittel, egal, ob gerettet oder nicht. Peng. Wir mussten umschwenken. Neben der Arbeit an Promotion und Master nahmen wir erst einmal unseren Prozess unter die Lupe. Im Rückblick war es verwunderlich, wie weit wir kamen, ohne offiziell gegründet zu haben. ✦

„Resilienz ist die wichtigste Eigenschaft einer Unternehmerin."

BREAKFAST CEREAL
BANABOOMS
made from
real bananas
250ml
KIMAX

Welche Sprüche wir uns anhören mussten

„Das ist ja hier wie bei Germany´s Next Topmodel". Sprüche wie diese fielen einige bei unserer Master-Abschlussfeier. Klar haben sich einige Mädels herausgeputzt. Aber Männer in Anzügen haben nie zu hören bekommen: „Du siehst ja aus wie ein Pinguin." Auch im Chemielabor waren wir Frauen die Einzigen, zu denen der Professor sagte: „Gell, das ist schon etwas anderes als in der Hausfrauenküche!" Und Inna musste sich in der Ukraine von einem Professor für fortgeschrittene Mathematik anhören, sie solle sich bei einer Aufgabe einfach eine Waschmaschine vorstellen. Den Vogel abgeschossen hat allerdings das Welcome Center einer Uni. Als Inna sich dort beraten lassen wollte, welche Aufenthaltserlaubnis sie nach dem Master benötigte, um zu gründen, hörte sie nur diesen Satz: „Deutschland sucht nur Hochqualifizierte!" Dabei hatte Inna zu diesem Zeitpunkt bereits zwei Master-Abschlüsse in der Tasche. Zum Glück ist es bei solchen Sprüchen geblieben. Benachteiligt haben wir uns nie gefühlt, auch wenn die Start-up-Welt sehr männlich dominiert ist. Oft hatten wir den Eindruck, dass es vielen nur darum ging, etwas aufzubauen und möglichst gewinnbringend zu verkaufen. Das war nie unser Antrieb. Wir haben kaum Frauen gesehen, die gegründet haben. Aber diejenigen, die wir im Social Impact Lab in Stuttgart kennengelernt haben, hatten definitiv andere Themen als die Männer: Kinderbetreuung, Kosmetik und Ernährung. Typisch weiblich?! Es scheint schon Unterschiede zu geben. Aber was wir uns wirklich wünschen würden, wären mehr Professorinnen an Unis – egal, ob in der Ukraine oder in Deutschland. Wir brauchen mehr weibliche Vorbilder! ✦

Inna:

„Seit ich weiß, wie viel weggeschmissen wird, kaufe ich nur noch die Bananen, die einzeln im Regal liegen."

Warum Ines aus unserem Start-up ausstieg

Puuuuh, war das anstrengend! Nächtelang haben wir nur Bananenkisten geschleppt. Einmal haben sie kaum in unser Auto gepasst. Dreimal die Woche, nach dem Vollzeitjob an der Uni und der Arbeit an unseren Abschlüssen, fuhren wir zu sechs Rewe-Filialen im Stuttgarter Süden. Das war unser Praxistest für die „BanaBooms“. Wir hatten bei einem Cross-Mentoring der Uni Hohenheim eine Einkaufsleiterin von Rewe kennengelernt. Ihr haben unsere „BanaBooms” sofort gefallen, und sie hat uns die Möglichkeit gegeben, unseren Prozess zu testen: nicht verkaufte Bananen abholen, einlagern und weiterverarbeiten. Zwei Monate lang bestanden unsere Abende nur daraus. Wir haben eine Versuchsreihe aufgebaut, um zu sehen, wie lange die Bananen bei welchen Temperaturen haltbar bleiben. Das lief gut – unsere Problemstelle war eine ganz andere. Nämlich die Suche nach einem geeigneten Betrieb, der unsere ”BanaBooms“ produziert. Per Internetrecherche hatten wir alle Hersteller von Frühstückscerealien in Deutschland ausfindig gemacht und abtelefoniert. Von „Wir sind schon in der Insolvenzauflösung“ bis hin zu „Wir nehmen keine neuen Produkte mehr auf“ war alles dabei. Niemand wollte unsere Bananen verarbeiten. Das hatte vor allem einen Grund: In der Lebensmittelindustrie werden trockene und nasse Produkte oftmals streng getrennt – wegen der Schimmelgefahr. Unsere Mischung aus Kochbananenmehl und Bananen passte überhaupt nicht ins Raster. Das war sehr frustrierend. Im Februar 2020 gab es dann diesen einen Tag. Ines hatte ihre Dissertation abgegeben, wir hatten mal wieder Kisten geschleppt, und eine Unterstützung in der Produktion war noch immer nicht in Sicht. Als Ines am Abend todmüde ins Bett fiel, war bei ihr die Luft raus. „Ich hatte das Gefühl, mein Wissen zu verschwenden. Ich habe doch nicht jahrelang studiert, nur um dann Flyer zu erstellen und Post-Its aufzukleben. Das kann es doch nicht gewesen sein“, dachte sich Ines und traf eine Entscheidung. Sie kehrte „BanaBooms“ den Rücken und wandte sich der Forschung zu. Seitdem arbeitet sie als Postdoc an der ETH in Zürich und forscht an der nächsten Generation von Fleischersatz. „Es liegt mir einfach mehr, mich in komplexe wissenschaftliche Probleme einzufuchsen und so lange nachzuforschen, bis ich eine Lösung gefunden habe. Diese tiefgründige Recherche – das ist genau mein Ding!“ Noch gab Inna sich nicht geschlagen, sondern versuchte, ein neues Team aufzubauen. ✦

„Die 'Startup Garage der Uni Hohenheim' hat uns sehr geholfen."

Teamwork, Ernüchterung und die Nachhaltigkeit

Anfang 2021 traf Inna eine schwere Entscheidung. Zwei Jahre lang hatte sie es versucht, doch sie fand nur einen Produzenten. Doch obwohl er „BanaBooms“ in die Supermarktregale gebracht hätte, lehnte Inna ab. Die Produktionsmengen, die er anzubieten hatte, reichten nicht für ein wachsendes Unternehmen, und die Nachhaltigkeit war durch die Produktion in einem anderen EU-Land nicht mehr gegeben. „Die Logistik hätte so viele zusätzliche Emissionen bedeutet, dass die Rettung der Bananen überhaupt keinen Sinn mehr gemacht hätte.“ So entschloss sich Inna schweren Herzens dazu, „BanaBooms“ einzustellen, obwohl die gepufften Bananenbällchen bei der Kundschaft gut ankamen.

Das Rezept passte, aber servieren konnten Ines und Inna nicht. Sie mussten sich eingestehen: „BanaBooms“ war gescheitert. Mit dieser Erkenntnis waren sie nicht allein. Gründer:innen, die scheitern, machen nicht per se etwas falsch. Es ist einfach extrem schwierig, in der Lebensmittelbranche zu gründen. Ohne Lohnproduktion fällt alles wie ein Kartenhaus in sich zusammen. Trotzdem haben sie sehr viel gelernt. Etwa, wie lange es dauert, bis in großen Unternehmen Entscheidungen fallen. Bei der belgischen Supermarktkette verstrichen

zwei Jahre, bis sie ihr Angebot auf dem Tisch hatten. Und dann ließ sie das Kleingedruckte die Haare zu Berge stehen – die Bedingungen waren mehr als unfair. Sie wollten das Rezept kostenlos haben und hätten Inna als Beraterin angestellt, um das Projekt am Laufen zu halten. Genauso schwer war es, ein neues Team aufzubauen. „Das ist so wie jemanden fürs Leben finden", sagt Inna. Vor allem weil sie als Nicht-EU-Bürgerin keine Chance hatte, als Gründerin ohne eigenes Einkommen ihre Aufenthaltsgenehmigung zu verlängern. Nun hat Inna einen Job beim Fraunhofer-Institut für Arbeitswirtschaft und Organisation in Stuttgart gefunden. Doch tief in ihrer Brust schlägt immer noch das Herz einer Entrepreneurin. Wer weiß, was die Zukunft bringt. ✦

„Es ist unglaublich, wie langsam große Unternehmen arbeiten."

Steckbrief

Dr. Ines Kutzli und Inna Zhuravlova

Unternehmen:	BanaBooms
Geburtsjahr:	Ines 1990, Inna 1995
Kinder:	keine
Gründung:	noch nicht gegründet
Branche:	Lebensmittel
Anzahl Beschäftigter:	keine
Uni-Abschluss:	Ines: Bachelor of Science in Lebensmittelwissenschaften und Biotechnologie (Uni Hohenheim) Master of Science in Food Science and Engineering (Uni Hohenheim) Promotion Dr. rer. nat. (Uni Hohenheim) Inna: Bachelor of Science in International Economics (Ukraine) Master of Science in International Economics (Ukraine) Master of Science in Bioeconomy (Uni Hohenheim)
Homepage:	offline

Das empfehlen wir Gründerinnen

Netzwerke & Wettbewerbe:

- "Wirkungsschaffer Stipendium" vom Social Impact Lab Stuttgart
- EIT Food und Innovationswettbewerbe
- Female Founders Cup
- Startupnights in Berlin
- Internationale Grüne Woche in Berlin

Unsere Tipps:

1. Haltet bei Gründungen in der Lebensmittelbranche rechtzeitig nach Lohnproduktionen Ausschau
2. Absolviert in den Semesterferien viele Praktika in Lebensmittelbetrieben
3. Nutzt die "Startup Garage" der Uni Hohenheim und andere Start-up Inkubatoren
4. Nutzt das Cross-Mentoring der Uni Hohenheim
5. Prüft eure Idee mit potenziellen Kund:innen
6. Netzwerkt mit anderen Start-ups.
7. Holt euch so viel Feedback wie möglich ein – es gibt nichts Wertvolleres!

Zu guter Letzt: Vielfalt und Leidenschaft? Ja bitte!

Gastbeitrag von Brigitte Ott-Göbel

Ott-Goebel Consulting

Wow! Welche Vielfalt, welche Leidenschaft! Das war mein erster Gedanke, als ich die vielen Geschichten der Absolventinnen der Uni Hohenheim und der Hochschule für Wirtschaft und Umwelt Nürtingen-Geislingen gelesen habe. Mit welchem Mut und Durchsetzungsvermögen sie ihre Ziele erreicht haben, hat mich sehr beeindruckt. Ich selber habe mich vor 13 Jahren nach einer langen Zeit in einem Großkonzern für den Weg in die Selbstständigkeit entschieden. Vieles habe ich in den Storys wiedererkannt und Neues gelernt. Mich haben die vielfältigen Möglichkeiten und die Erfahrungen fasziniert, die die Unternehmerinnen in ihrer Rolle als Frau in einer noch immer männlich dominierten Existenzgründerwelt beschreiben. Trotz aller Individualität der Lebens- und Berufswege finden sich in den Berichten und Interviews vergleichbare Muster, die ich hier näher beleuchte.

Was hat mich geprägt?

Jede Unternehmerin schildert einen ***persönlichen Ankerpunkt***, der ausschlaggebend für ihre Existenzgründung war: Das kann die Neurodermitis-Erkrankung des Bruders sein, die zu MixDeinBrot® führte, das Eisessen mit Freundinnen bei den Spoontainables oder die Liebe zu den Pferden bei navalis®nutraceuticals.

Was ist meine Leidenschaft?

Gründen ist eine *Richtungsentscheidung*: Eine Promotionsmöglichkeit wird abgesagt, ein guter Job gekündigt oder ein ganz neuer Weg eingeschlagen, weil dieser zur wahren Berufung führt. Die Unternehmerinnen haben sich wegen ihrer Leidenschaft bewusst für diesen Weg entschieden und dafür das Risiko einer Gründung in Kauf genommen.

Wer unterstützt mich?
Die Sozialisation und *Einbindung in das Elternhaus* sind sehr verschieden. Wichtig ist jedoch, dass dort *wesentliche Impulse* gesetzt werden: Manche Eltern sind ebenfalls selbstständig oder haben eigene Firmen und vermitteln diese Freiheit des Arbeitens – aber auch die Härte und das Arbeitspensum einer derartigen Entscheidung. Andere Eltern bestärkten die Unternehmerinnen als Jugendliche, ihren eigenen Weg zu gehen und hier immer das selbst gesteckte Ziel – trotz Umwegen und Hindernissen – im Auge zu behalten. Das bestätigt meine Erfahrung, dass das Elternhaus und der Beruf der Eltern wichtige Impulse für die eigene Berufsentscheidung setzen: Mein Vater war leitender Angestellter und mein großes Vorbild. Er war Chef vieler Beschäftigter in der Niederlassung eines großen Automobilherstellers, und einen ganz ähnlichen Weg habe ich eingeschlagen mit dualem Studium und einer Karriere in der Automobilindustrie.

Mit wem soll ich gründen?
Hier zeigt die Vielfalt kein Patentrezept. Viele Unternehmerinnen beginnen allein, manche mit ihrer Freundin, andere in größeren Teams. Veränderungen sind hier an der Tagesordnung: Teams lösen sich – nach ersten Erfolgen – auf, die Kollegin geht neue berufliche

- **Studenteninitiativen:**

Das studentische Netzwerk *Enactus* – die Kurzform für „entrepreneurial" (unternehmerischer Geist), „*action*" (Gestaltungswillen) sowie „*us*" (Gemeinsamkeit im Handeln und Werten) – hat sich Austausch und Förderung sozialer Gründungen auf die Fahne geschrieben. In Deutschland gibt es Teams an 35 Hochschulen – auch an der Uni Hohenheim. Weltweit ist *Enactus* in 37 Ländern aktiv.

- **Netzwerktreffen:**

In fast jeder Stadt gibt es Treffen für Selbstständige und Gründungsinteressierte. Ich selbst habe zu Anfang Netzwerkveranstaltungen der *Wirtschaftsförderung* besucht. Der Erfahrungsaustausch und die gegenseitigen Tipps haben mir in der Aufbauphase sehr geholfen.

- **Verbände:**
Genauso wie Netzwerktreffen helfen Verbände dabei, wertvolle Kontakte zu knüpfen. Beispielsweise veranstaltet der *Verband deutscher Unternehmerinnen e.V.* zweitägige kostenlose Bootcamps mit Trainingseinheiten erfahrener Expertinnen zur Ermittlung des Kapitalbedarfs oder der Erhöhung der Kreditwürdigkeit.

- **Wettbewerbe & Pitches:**
Sie verschaffen Aufmerksamkeit, vor allem, wenn sie gewonnen werden. Damit lassen sich auch neue Kapitalgeber überzeugen. Baden-Württemberg unterstützt mit dem *Start-up BW Elevator-Pitch*, dem *CyberOne Hightech Award* und dem *Landespreis für junge Unternehmen* drei Gründungswettbewerbe für Start-ups in unterschiedlichen Phasen. Der *WIWIN Award* zeichnet jährlich nachhaltige Start-ups aus.

Wege, Beschäftigte müssen wegen einer Absatzflaute gekündigt werden. Aber eines scheint doch ein Erfolgsrezept zu sein: Andersartigkeit im Gründungsteam oder bei der Unternehmerin und im Kreis der Mitarbeiter:innen, damit sich Talente ergänzen. Das passt zu meinen Erkenntnissen, dass ein Team immer dann erfolgreich ist, wenn seine Mitglieder möglichst unterschiedliche Hintergründe und Fähigkeiten haben. Leider hat sich diese Erkenntnis noch nicht in allen Organisationen herumgesprochen. Aber ich erlebe, dass in den letzten Jahren Seminare zu Diversity und zum erfolgreichen Managen von Vielfalt verstärkt nachgefragt werden.

Wie fange ich an?
Die meisten Unternehmerinnen ***begannen sehr klein***: im Keller, einem Zimmer daheim, einem budgetgerechten Working Space. Dies ist sicherlich auch finanziell eine realistische Einstellung. Denn einige der Frauen beschreiben, dass sie aufgrund von Wettbewerben, Mentoring, EXIST-Förderungen zwar für den Start finanziell gut aufgestellt waren, nach der Anfangsphase der ersten Jahre aber eine Anschlussfinanzierung fehlte und auch bei Banken nur schwer zu bekommen war.

Wie gehe ich mit Rückschlägen um?
Niederlagen haben fast alle erlebt: mit dem Webdesigner, der eine Katastrophe war, mit der fehlenden Ahnung bei Verkauf oder Finanzen, mit scheinbaren Partnerfirmen, die einen – teils nach monatelangen Verhandlungen – übers Ohr hauen wollten. Hier empfehle ich Existenzgründungsseminare, die häufig von der lokalen Wirtschaftsförderung angeboten werden. In diesen können Wissenslücken im Marketing, im Aufbau von Vertriebskanälen, im

Erstellen eines Businessplans, im Verhandeln mit Banken und Finanzierungspartnern geschlossen werden.

Was ist meine Nische?
Muhterem Aras machte sich in Stuttgart als erste türkischsprachige Steuerberaterin selbstständig und fand so *ihre Nische*. Waltraud Weegmann fokussierte sich auf Betriebskindergärten und ein Ganztageskonzept, als es dieses sonst fast nirgends gab, und Heike Fröschle spezialisierte sich auf Informatik in der Agrartechnik. Um erfolgreich zu sein, ist es wichtig, eine Nische zu finden.

Was kann ich abgeben?
Unternehmerinnen bemerken schnell, dass sie *nicht alles wissen und können* und bei gutem Geschäft auch in der Produktion überfordert sind. Einige der Porträtierten beschreiben, wie sie Funktionen auslagern: vielfach in der Produktion, aber auch IT, Steuern, Recht und selbst die originäre Marketingfunktion. Es ist ein pragmatischer Weg, um Kosten zu senken, schlank in der Organisation zu bleiben und sich auf die eigene Kernkompetenz zu konzentrieren.

Wie trenne ich Arbeit und Privatleben?
Nach Jahren von intensiven, stressigen Arbeitstagen suchen viele Unternehmerinnen nach *Entschleunigung*. Auf- und Ausbau der Familie, neue Interessensgebiete, neue Partnerschaften werden als Gründe genannt. „Ich möchte mein Business so ausbauen, dass es ohne mich weiterlaufen kann." Vielleicht hilft hier auch das empfohlene Buch „The 4-Hour Workweek". Was ganz bestimmt helfen kann, ist ein Coaching für die individuelle Lebenssituation. Die Frage der Familiengründung stellt sich irgendwann allen Frauen

- **Finanzierung:**

Beim Thema Risikokapital scheinen Frauen benachteiligt zu sein. Deshalb haben 60 Top-Managerinnen um Tina Müller (CEO der Parfümeriekette Douglas) und Brigitte Zypries (ehemalige Wirtschaftsministerin) die Initiative *"Encourage Ventures"* gegründet: ein Netzwerk für Gründerinnen inklusive eines Venture Capital Fonds. Sie begleiten Start-ups mit Frauen im Gründerteam und mindestens einer Frau im Vorstand von der Seed-Phase bis zum Börsengang und veranstalten etwa Pitch Nights für Start-ups und Investorinnen.

• Gründerstipendium:

Das Förderprogramm *EXIST* des Bundesministeriums für Wirtschaft und Energie richtet sich an Gründer:innen aus Hochschuleinrichtungen, egal, ob Studierende, Alumnis oder Postdocs. Für ein Jahr werden technologieorientierte und wissensbasierte Geschäftsideen gefördert.

und Männern, sie ist aber rein biologisch für Frauen in einem engeren Zeitfenster zu beantworten. In meiner Peer Group – geboren in den 60er-Jahren – blieben etliche Frauen kinderlos zugunsten der Karriere. Beides zu vereinbaren war damals noch schwierig, es fehlten auch die entsprechenden Vorbilder. Ich erinnere mich, dass es in meinem Konzern nur eine weibliche Top-Führungskraft gab, als ich das Studium beendet hatte, und diese Direktorin hatte keine Kinder. Als ich nach 25 Jahren aus dem Unternehmen ausschied, gab es durch viele Initiativen wie eine Zielquote, Mentoring-Programmen sowie einem Diversity Bereich einige weibliche Führungskräfte, die ihre Karriere erfolgreich mit dem Aufbau der eigenen Familie unter einen Hut bekamen. Es ist aber heute immer noch eine Herausforderung für alle jungen Frauen.

Das Wichtigste in Kürze

Zusammenfassend haben die Unternehmerinnen ihre Erfahrungen wie folgt beschrieben:

„Der Aufbau eines eigenen Business ist ein langer Weg. Rückschläge gibt es immer.“ Oder: „Unternehmerinnen brauchen einen langen Atem.“ Junge Frauen sollten sich also vor der Entscheidung, sich selbstständig zu machen, intensiv prüfen, ob sie diesen langen Atem haben und ob sie die notwendige Resilienz mitbringen, Rückschläge zu überwinden und sich nicht so schnell entmutigen zu lassen. Ich möchte auch dazu raten, nicht zu kritisch mit sich selbst zu sein. Das sind wir Frauen nämlich zu häufig. Im Zweifel – lieber springen!

Was ich mir für Gründerinnen in Zukunft wünsche

- „Wo ist denn ihr Chef?“ „Wer soll denn einmal meine Firma übernehmen? Ich habe ja nur eine Tochter.“ Ich habe die Hoffnung, dass wir alle im gesellschaftlichen Umgang miteinander solche Sprüche nicht mehr hören.

- 36 Prozent aller Gründungen erfolgen von Frauen, bei Startups nur 16 Prozent. Hier können wir alle zu einer Erhöhung beitragen, indem wir jungen Frauen ein Mentoring anbieten und möglichst schon jungen Mädchen Vorbilder zeigen.

- „Es ist, als würde das Kapital einen großen Bogen um die Frauen machen" (Spiegel, Nr. 15, 10.04.2021). Gründerinnen werden immer noch deutlich weniger und schlechter finanziert, weil Banken kritischer hinschauen und viele Frauen weniger einfordern. Eigene Mittel, Familie und Freundeskreis sind als Kapitalgeber zumindest in der Anfangsphase vorherrschend. Ich hoffe, dass sich das rasch ändert.

„Mach das, wofür du brennst, aber schau auch über den Tellerrand.“

Und ganz zum Schluss ein Appell an alle Leserinnen und Leser, die eine Existenzgründung planen:

„Mach das, wofür du brennst, aber schau auch über den Tellerrand."

Mutig sein und neue Wege einschlagen

Im Gespräch mit Ministerin Theresia Bauer

Mit der Novelle des Landeshochschulgesetzes (LHG) 2018 wurden neue Spielräume für Gründer:innen an Hochschulen geschaffen. Damals sagten Sie: „Wir wollen Absolventinnen und Absolventen, die mutig genug sind, etwas Eigenes zu wagen – und schlau genug, um damit erfolgreich zu sein". Warum sind Gründungen aus der Hochschule heraus für Sie so ein Herzensthema?

Theresia Bauer: Wir müssen uns verändern! Die gesellschaftlichen und wirtschaftlichen Herausforderungen lassen uns gar keine andere Wahl. Kein anderes Bundesland investiert so viel in Forschung und Entwicklung wie Baden-Württemberg, nämlich sechs Prozent des Bruttoinlandprodukts. Das sind sehr gute Voraussetzungen für Innovationen, aber dabei darf es nicht bleiben. Genauso wichtig ist es, in die Umsetzung zu gehen. Genau das tun Start-ups, die aus den Hochschulen kommen. Sie vereinen Know-how mit der Entwicklung neuer Produkte und neuer Geschäftsmodelle, die für uns überlebenswichtig sind. In einem dynamischen Umfeld brauchen wir neue Lösungen.
Deshalb möchte ich Studierende dazu ermutigen, nicht in die Fußstapfen ihrer Vorgänger:innen zu treten, sondern neue Wege einzuschlagen.

Während des 200-jährigen Jubiläums der Uni Hohenheim haben Sie auch Start-ups kennengelernt. Wie haben Sie die Start-up-Szene in Hohenheim bei Ihrem Besuch erlebt?

Ich erinnere mich noch sehr gut an das Jahr 2018. Hohenheim ist eine der Hochschulen, die viel für Gründungen tut.

Auf der Jubiläumsfeier war ich beeindruckt vom Ideenreichtum der Gründer:innen. "Visioverdis" mit den horizontal wachsenden Pflanzen ist mir in Erinnerung geblieben, weil es auf einzigartige Weise anspruchsvolle Technik aus der Raumfahrt, Ästhetik und Nachhaltigkeit kombiniert. Das war einfach wunderschön. Aber es muss gar nicht immer hochtechnisch zugehen. Genauso wichtig sind andere Ideen für eine nachhaltigere Ernährung. Alles in allem habe ich in Hohenheim sehr viel Sinnhaftigkeit gesehen und den Anspruch, unsere Welt ein Stückchen besser zu machen. Das war für mich sehr beeindruckend.

Über das ESF-Landesprogramm "CoMenT", das von Ihrem Ministerium gefördert wird, läuft auch das Projekt "entrepreneurin" der Uni Hohenheim im Verbund mit der Hochschule für Wirtschaft und Umwelt Nürtingen-Geislingen. Warum sind solche Projekte Ihrer Meinung nach so wichtig?

Wir können nicht zufrieden sein mit dem, was wir bislang erreicht haben. Unter Gründer:innen liegt der Frauenanteil gerade mal bei 16 Prozent und das ist zu wenig. Noch immer gründen viel mehr Männer als Frauen, und es gibt auch mehr rein männliche Gründungsteams. Frauen drängen sich oftmals nicht in die erste Reihe, deshalb ist eine besondere Ansprache, wie beim Projekt "entrepreneurin", so wichtig. Denn Gründerinnen haben einen eigenen Spirit, eine eigene Perspektive, und wenn wir sie nicht fördern, verzichten wir auf viele Talente, die wir so dringend brauchen.

Das Bundesministerium für Wirtschaft und Energie hat die Initiative "FRAUEN unternehmen" ins Leben gerufen, um Frauen zur beruflichen Selbständigkeit zu ermutigen und Mädchen für das Berufsbild Unternehmerin zu begeistern. Warum ist das Anliegen, Vorbildunternehmerinnen sichtbar zu machen, gerade in der jetzigen Zeit so bedeutsam?

Vorbilder helfen uns, Hürden zu senken. Jede Gründung ist mit einem Risiko verbunden, das ist keine Frage. Aber ich finde, dass Gründerinnen nicht immer Pionierinnen sein müssen. Es sollte ein Stück normaler werden zu gründen. Vor der Corona-Pandemie war es sehr leicht, einen sicheren Karriereweg einzuschlagen, denn nahezu überall wurde Nachwuchs gebraucht. Doch wir haben gese-

entrepreneurin
Heute an der Hochschule – morgen Unternehmerin

Die Uni Hohenheim hat gemeinsam mit der Hochschule für Wirtschaft und Umwelt Nürtingen-Geislingen das Projekt "entrepreneurin" ins Leben gerufen. Damit wird Studentinnen, Doktorandinnen und Postdocs beider Einrichtungen eine weitere Karriereoption angeboten – die Unternehmensgründung aus der Wissenschaft heraus. Frauen, die Führungspositionen in Start-ups einnehmen wollen, sollen unterstützt und gefördert werden sollen.

ESF
Chancen fördern
EUROPÄISCHER SOZIALFONDS IN BADEN-WÜRTTEMBERG

Baden-Württemberg
MINISTERIUM FÜR SOZIALES, GESUNDHEIT UND INTEGRATION

Baden-Württemberg
MINISTERIUM FÜR WISSENSCHAFT, FORSCHUNG UND KUNST

hen, wie schnell sich der Arbeitsmarkt verändern kann. Deshalb ist Gründen heute attraktiver geworden. Nirgendwo sonst kann man so viel Verantwortung übernehmen und selbst gestalten, wie bei der Gründung eines eigenen Unternehmens. In Zukunft brauchen wir mehr neue Geschäftsmodelle. Deshalb haben wir allen Grund, stolz auf diejenigen zu sein, die diesen Weg eingeschlagen haben. Und es ist sehr wichtig, sie sichtbar zu machen.

Sie haben das Porträt-Buch gelesen und erlebt, wie vielfältig, spannend und gleichzeitig authentisch die Wege zum eigenen Unternehmen beschrieben werden: Frauen aus allen drei Hohenheimer Fakultäten sind unter den Unternehmerinnen vertreten und gründen in ganz unterschiedlichen Alters- und Karriereabschnitten. Was war für Sie die wichtigste Erkenntnis aus dem Buch?

Ich finde es sehr schön, dass in diesem Buch Persönlichkeiten sichtbar werden. Gründen hat eben nicht nur mit Wissen und Know-how zu tun, sondern auch mit der Persönlichkeit selbst und mit einem eigenen Lebensweg, den man wählt.
Die Gründerinnen von "Spoontainable" haben zum Beispiel bewiesen, wie pfiffig sich die Plastik-Problematik angehen lässt. Sie haben eine zu 100 Prozent nachhaltige Lösung gefunden. Und genau darauf kommt es an – in allen Bereichen etwas zu verändern.
Ich hoffe, dass die Biographien im Buch eine Einladung sind!

Das Projekt "entrepreneurin" wurde vom Ministerium für Soziales, Gesundheit und Integration in Kooperation mit dem Ministerium für Wissenschaft, Forschung und Kunst Baden-Württemberg mit Mitteln des Europäischen Sozialfonds gefördert.

KURZVORSTELLUNG:

Theresia Bauer
Als Ministerin zuständig für Hochschulen, Forschungs- und Kunsteinrichtungen

Theresia Bauer hat Politikwissenschaft, Volkswirtschaft und Germanistik studiert und ist seit 2011 Ministerin für Wissenschaft, Forschung und Kunst in Baden-Württemberg. Sie hat zwei Söhne und ist seit 2001 Landtagsabgeordnete (Bündnis 90 / Die Grünen). Als Ministerin schaffte sie die Studiengebühren ab, baute Studienplätze im Bachelor- und Masterbereich aus, stärkte die Gründerkultur an Hochschulen und sicherte den Hochschulen in Baden-Württemberg von 2015 bis 2025 eine verlässlich wachsende Grundfinanzierung. Dreimal wurde sie vom Deutschen Hochschulverband als Wissenschaftsministerin des Jahres ausgezeichnet.

„Gründen hat eben nicht nur mit Wissen und Know-how zu tun, sondern auch mit der Persönlichkeit und mit einem eigenen Lebensweg, den man wählt.“

Warum wir Vorbilder brauchen

Im Gespräch mit Prof. Dr. Ute Mackenstedt

Hohenheim ist keine große Uni, hat aber eine Besonderheit: Hier wurde die erste deutsche Professorin berufen. 1923 erhielt Margarete Baronesse von Wrangell als Agrikulturchemikerin den Lehrstuhl für Pflanzenernährung. In einem Brief schrieb sie kurz nach ihrer Ernennung an ihre Mutter: „Ich habe viele Kämpfe in meinem Berufe." Wie sieht aus Ihrer Sicht als Gleichstellungsbeauftragte der Uni Hohenheim die heutige Situation von Frauen aus?

Ute Mackenstedt: Natürlich hat sich viel beim Thema Gleichstellung getan. Wir haben in Hohenheim von den Studierenden über die Promovierenden bis hin zu den wissenschaftlich Beschäftigten eine Parität erreicht – eine Ausnahme ist aber nach wie vor die Professorenschaft. Das zeigt auch das Hochschulranking des Kompetenzzentrums Frauen in Wissenschaft und Forschung, kurz CEWS. Wir konnten in Hohenheim in den letzten sieben Jahren den Anteil der Professorinnen auf 30 Prozent erhöhen und liegen damit in der Spitzengruppe der Hochschulen in Baden-Württemberg. Aber wir sind eben noch nicht am Ziel. An der Exzellenz liegt es nicht, das ist unstrittig, sondern an den Rahmenbedingungen.

Für Frauen, die den wissenschaftlichen Karriereweg einschlagen, spielt die Frage der Kinderbetreuung nach wie vor eine größere Rolle als für Männer, und es fällt ihnen oft schwerer, sich in Berufungsverfahren zu behaupten. Zudem geht dieser Weg mit einer enormen Unsicherheit einher, weil viele Stellen nur befristet sind. Sie sehen, es gibt positive Veränderungen in der Gleichstellung, aber es gibt noch einiges zu tun.

Die Uni Hohenheim unterstützt Studierende und Alumnis nun seit 15 Jahren bei ihrer Karriereplanung, unter anderem mit dem Programm ”MentHo“ (Mentoring Hohenheim). Warum hilft die Uni nun mit dem Projekt “entrepreneurin“ auch im Gründungsbereich?

Es ist nun einmal so, dass wir in der Wissenschaft nicht genug freie Stellen für alle Alumnis haben, selbst wenn wir die Fachhochschulen dazunehmen. Wir dürfen auch nicht vergessen, dass der wissenschaftliche Karriereweg oft sehr lange Phasen einer unsicheren Vertragslage mit sich bringt. Deshalb ist es so wichtig, auch andere Karrierewege ins Auge zu fassen. Mit dem Weg der Existenzgründung haben wir eine dritte Säule in unsere Beratung mit aufgenommen. Dies ist ein Karriereweg, den wir in der Vergangenheit vielleicht ein wenig vernachlässigt haben. Mit dem Lehrstuhl für Entrepreneurship, der ”Startup Garage“ und Programmen wie ”CoMenT" hat sich Hohenheim aber diesem Weg geöffnet und bietet Studierenden neue Perspektiven für ihre Zukunft. Unsere Mentor:innen kommen aus allen drei Bereichen, der Wissenschaft, der Wirtschaft und der Gründung und zeigen so, welch breite Palette an Möglichkeiten es beim Einstieg in den Beruf gibt.

„Sozialverträglichkeit und Nachhaltigkeit sind für uns an der Uni Hohenheim seit langem wichtige Werte, und wir wünschen uns mehr Gründungen aus diesem Bereich.“

In der Gesellschaft werden Themen wie Nachhaltigkeit und soziales Wirtschaften immer wichtiger. In den vergangenen Jahren gab es von Hohenheimer Alumnis vor allem Gründungen im Bereich Social Entrepreneurship. Zudem hat Hohenheim mit der Bioökonomie einen fakultätsübergreifenden Studiengang geschaffen, der Nachhaltigkeit und Wirtschaft vereint.
Ist Hohenheim Ihrer Meinung nach prädestiniert für soziale Gründungen?

Sozialverträglichkeit und Nachhaltigkeit sind für uns seit langem wichtige Werte, und wir wünschen uns mehr Gründungen aus diesem Bereich. Wir sind mit unseren drei Fakultäten – den Naturwissenschaften, den Agrarwissenschaften und den Wirtschafts- und Sozialwissenschaften so aufgestellt, dass wir von der Erzeugung eines Lebensmittels über die Produktion bis hin zur Vermarktung die gesamte Wertschöpfungskette abdecken. Und in diesem Sinne ist auch die Bioökonomie ein Leitthema in Hohenheim, das alle drei Bereiche vernetzt. Wir haben das alles unter einem Dach. Insofern entsprechen nachhaltige und soziale Gründungen dem Profil von Hohenheim, während andere Hochschulen eher Schwerpunkte im technischen Bereich haben. Das Profil prägt die Gründungen, die aus einer Uni hervorgehen, und die porträtierten Gründerinnen in diesem Buch zeigen, dass die Nachhaltigkeit für viele eine entscheidende Rolle spielt.

Kommen wir noch einmal auf Margarete von Wrangell zurück: Sie ist für viele Wissenschaftlerinnen ein Vorbild.
Die Unternehmerinnen, die wir interviewt haben, würden sich selbst oftmals nicht als Vorbild bezeichnen. Brauchen wir in der heutigen Zeit überhaupt noch weibliche Vorbilder?

Ein Spruch, den ich oft zitiere, heißt: „Das Problem von Frauen ist ihr Mangel an Größenwahn.“ Ich halte Vorbilder für absolut notwendig. Auch wenn sich die Frauen selbst nicht so sehen, sind sie natürlich große Vorbilder, weil sie den Mut hatten, etwas Neues zu wagen, eine Firma zu gründen und dafür auch Risiken in Kauf zu nehmen. Alle Porträts in diesem Buch zeigen, wie extrem anstrengend verschiedene Gründungsphasen sein können und dass viele Unternehmerinnen die Nacht zum Tag machten. Aber sie haben nicht aufgegeben und darauf können sie stolz sein! Das hat nichts mit Glück zu tun, sondern mit der Bereitschaft, etwas zu wagen und sich auch immer wieder zu hinterfragen und die eigene Idee anzupassen. Weil Vorbilder unverzichtbar sind, haben wir auch den "KarriereBus“ ins Leben gerufen. Damit fahren wir Studentinnen und Doktorandinnen zu frauengeführten Unternehmen, damit sie vor Ort einen Einblick bekommen. Die Rückmeldungen, die wir zum "KarriereBus“ erhalten, sind fantastisch. Das zeigt uns, wie wichtig es für die eigene Berufsplanung ist, Menschen kennenzulernen, die einen bestimmten Weg eingeschlagen haben. Die Unternehmerinnen in diesem Buch zeigen als Vorbilder, dass auch dieser Weg machbar ist.

Oft hören wir Aussagen wie: Es wird doch schon so viel für Frauen getan! Es gibt sogar schon Männer, die sich benachteiligt fühlen. Werden Frauen in der heutigen Gesellschaft bevorzugt oder ist nach wie vor nötig, ihnen unter die Arme zu greifen?

Ich halte es für absolut notwendig, Frauen weiterhin zu fördern. Dafür brauchen wir nur einen Blick auf die aktuellen Zahlen zu werfen. Die zeigen eindeutig, dass nicht so viele Frauen gründen wie Männer und auch nicht genauso viele in leitenden Funktionen tätig sind. Bei den Gründungen sind wir noch nicht einmal bei 20 Prozent angelangt. Deshalb können wir nicht sagen, wir hätten genug getan. Gleichstellung muss man leben. Es stimmt nicht zu sagen, Männer wären benachteiligt. Denn bei jeder Auswahl steht die Qualität im Vordergrund. Es ist ja nicht so, dass eine Frau auf eine Position gehievt wird, die sie aufgrund ihrer Qualifikation nicht verdient hätte. Das ist einfach nicht der Fall! Sondern es ist nach wie vor so, dass besser qualifizierte Frauen nicht die Führungspositionen innehaben, die ihnen aufgrund ihrer Qualifikation zustehen würden. Deshalb ist es so wichtig, dass wir Gleichstellung in der Praxis vorleben. Damit es irgendwann für die Karriere keine Rolle mehr spielt, ob jemand ein Mann oder eine Frau ist.“

Was hat Sie beim Lesen der Porträts über Unternehmerinnen aus Hohenheim und Nürtingen am meisten fasziniert?

Mich hat schwer beeindruckt, mit wie viel Begeisterung die Frauen ihren Weg eingeschlagen haben und wie viel Engagement sie gezeigt haben. Das ist einfach bewundernswert. Genauso fasziniert war ich von der Selbstreflexion der Unternehmerinnen. Sie haben immer wieder hinterfragt, wie ihr Weg aussehen soll und wie sie leben möchten. Damit haben sie eine unglaubliche Reife bewiesen – auch die Frauen, die noch sehr jung sind. Es ist so schön zu sehen, wie vielfältig ihre Themen sind, was für eine breite Palette an Möglichkeiten es gibt, eine eigene Firma aufzubauen. Weil dieser Weg so viel Einsatz erfordert, finde ich es umso wichtiger, dass Gründungsinteressierte möglichst viel Unterstützung bekommen, sei es durch Förderprogramme wie "EXIST" oder das Projekt "entrepreneurin". Genauso wichtig ist es natürlich, Hilfe auch anzunehmen – das hat rein gar nichts mit Schwäche zu tun.

Was möchten Sie Studentinnen mit auf den Weg geben?

Ich kann nur allen Studentinnen raten, sich so früh wie möglich Gedanken über ihr Berufsleben zu machen, und zwar nicht erst, wenn der Abschluss kurz bevorsteht, sondern viel früher. Oft scheint der wissenschaftliche Weg naheliegend, wenn jemand viele Jahre im sicheren Umfeld eines Uni-Campus verbringt. Aber es gibt nicht nur den Weg in die Wissenschaft, sondern auch den in die Wirtschaft oder die Gründung. Mein Rat ist deshalb, alle Programme der Uni Hohenheim, von "MentHo" bis hin zu "Humboldt reloaded", zu nutzen und schon in den ersten Semestern Praktika in Unternehmen zu absolvieren. Das ist der beste Weg, um herauszufinden, was einem liegt.

KURZVORSTELLUNG:

Prof. Dr. Ute Mackenstedt

Die Universitätsgleichstellungsbeauftragte Frau Prof. Dr. Mackenstedt übt ihr Amt ehrenamtlich zusätzlich zu ihrer Tätigkeit als Wissenschaftlerin aus. Sie kann dabei eigene Schwerpunkte setzen.

Ute Mackenstedt setzt sich besonders für die Vereinbarkeit von Familie und Wissenschaft ein und tritt verstärkt dafür ein, dass Gleichstellungsaspekte in die Strukturen der Universität aufgenommen und dort verankert werden.
Zudem unterstützt Prof. Ute Mackenstedt maßgeblich das "MentHo"-Programm.

„Ein Spruch, den ich oft zitiere, heißt: 'Das Problem von Frauen ist ihr Mangel an Größenwahn.'"

DIE PERSONEN HINTER DEM BUCH

Christine Harbig
Autorin

Astrid Untermann
Fotografin

Michael Ermel
Grafik-Designer

Marie-Theres Reisser
Coverdesignerin

Dr. habil. Anette Fomin
hielt die Fäden in der Hand

Wir danken
dem Team "entrepreneurin" der Uni Hohenheim, SchreibCoach Alexandra Brosowski, Co-Lektorin Ilka Bickmann,
Monika Scheddin vom Marie von Mallwitz Verlag, Lektorin Heidi Keller,
Irmgard Petr von der Druckerei Hubert & Co. GmbH & Co. KG BuchPartner

*Es ist gut zu wissen,
dass man eigentlich
alles machen kann.
Man muss nur
damit anfangen.*

Julie Deane

Bildnachweis

alle Fotos Astrid Untermann

Mit Ausnahme von:
Maresa Mader S. 85, 87
Ministerium für Wissenschaft, Forschung und Kunst in
Baden-Württemberg S. 256, 259
Privat S. 88
Uni Hohenheim S. 24, 25, 42, 43, 60, 61, 78, 79, 92, 93, 108, 109, 128, 129,
162, 163, 184, 185, 195, 197, 200, 201, 216, 217, 230, 231, 248, 249
VAUDE S.110, 113, 116, 117, 120, 121, 122, 124, 127 180, 182, 240, 243

Projektteam "Entrepreneurin" der Uni Hohenheim